建筑结构加固实用技术

主 编 王云江

副主编 张德伟 泮兴全 梁 毅

中国建材工业出版社

图书在版编目（CIP）数据

建筑结构加固实用技术/王云江主编．—北京：
中国建材工业出版社，2016.3（2023.9 重印）
ISBN 978-7-5160-1363-2

Ⅰ．①建… Ⅱ．①王… Ⅲ．①建筑结构－加固－工程
施工 Ⅳ．①TU746.3

中国版本图书馆 CIP 数据核字（2016）第 018279 号

内 容 简 介

本书共八章，内容包括：绪论；建筑结构加固材料与设备；建筑结构加固构造；混凝土结构加固技术；砌体结构加固技术；混凝土结构裂缝修补；砌体结构裂缝修补；钢筋混凝土结构与多层砌体结构抗震加固。

本书依据现行国家标准、行业标准和规范、规定编写，全书结构体系完整、内容新颖、重点突出，充分体现科学性、实用性和可操作性，具有较强的指导作用和实用价值。

本书可供混凝土结构加固施工人员学习参考，也可供高等院校土木建筑专业师生阅读。

建筑结构加固实用技术

主　编　王云江

副主编　张德伟　泮兴全　梁　毅

出版发行　中国建材工业出版社

地　　址：北京市海淀区三里河路 11 号

邮　　编：100831

经　　销：全国各地新华书店

印　　刷：北京雁林吉兆印刷有限公司

开　　本：787mm×1092mm　1/16

印　　张：10

字　　数：246 千字

版　　次：2016 年 2 月第 1 版

印　　次：2023 年 9 月第 5 次

定　　价：43.00 元

本社网址：www.jccbs.com，微信公众号：zgjcgycbs

本书如出现印装质量问题，由我社网络直销部负责调换。联系电话：(010) 57811387

前　言

在建筑工程施工过程中，由于施工质量不能达到设计和规范要求，建筑和结构使用功能改变，大量混凝土结构老化以及水泥质量、施工方法、配合比不当、正常使用阶段可能出现自然或人为因素，造成混凝土强度降低，影响了结构的耐久性，结构整个使用期间会产生各种风险。随着房屋使用年限增加，房屋结构的一些病害逐渐呈现且日益加重的趋势，特别是20世纪80年代以前修建的房屋，由于设计荷载标准低、承载能力不够，远不能满足房屋所需的安全要求，加之年久失修、养护不当，相当多的房屋发生不同程度的破坏逐渐成为危房。如果弃之返工重建，会造成很大的经济损失，为防止发生房屋倒塌事故造成国民经济和人民生命出现重大损失，对房屋结构进行加固越发显得重要，及时发现房屋发生的病态和出现的缺陷，及时采取一些有效的措施对混凝土结构进行加固补强、改造、维护，使受损结构恢复原有的结构功能，或者在已有结构的基础上提高结构抗力，已满足新的使用条件下结构的功能要求。防患于未然，加快危房整治和加固以确保安全。

随着建筑业和城市建设的迅速发展，混凝土结构补强加固越来越广泛地应用于各种建筑物和构筑物。近年房屋加固任务越来越繁重，建筑加固施工单位和施工人员数量也不断增加，杭州众晟建筑加固工程有限公司多年来长期从事建筑结构加固，其社会效益和经济效益特别显著，其质量保证、作业安全、成本低，为提高从业人员混凝土结构加固施工方面知识的需要，该公司以工程实践为主线，总结了混凝土结构加固的实践工作中的经验，编写了此书。为推动建筑结构加固新技术、新材料、新设备、新工艺的发展起到抛砖引玉的作用，书中给出的有效加固方法可以借鉴。

本书共八章，内容包括：绪论；建筑结构加固材料与设备；建筑结构加固构造；混凝土结构加固技术；砌体结构加固技术；混凝土结构裂缝修补；砌体结构裂缝修补；钢筋混凝土结构与多层砌体结构建筑物抗震加固。

本书依据现行国家标准、行业标准和规范、规定编写，全书结构体系完整、内容新颖、重点突出，充分体现科学性、实用性和可操作性，具有较强的指导作用和实用价值。

本书可作为混凝土结构加固施工人员学习参考用书，也可供高等院校土木建筑专业师生阅读。

由于作者水平有限，本书难免有疏漏或不妥之处，望广大读者不吝指教。

编者

2016 年 1 月

目　　录

China Building Materials Press

我 们 提 供

图书出版、图书广告宣传、企业/个人定向出版、设计业务、企业内刊等外包、代选代购图书、团体用书、会议、培训，其他深度合作等优质高效服务。

编辑部
010-88385207

宣传推广
010-68361706

出版咨询
010-68343948

图书销售
010-88386906

设计业务
010-68361706

邮箱：jccbs-zbs@163.com   网址：www.jccbs.com.cn

发展出版传媒   服务经济建设

传播科技进步   满足社会需求

第一章 绪 论

第一节 概 述

结构的设计基准期一般为 50 年，工程结构在规定的使用期内应能安全有效地承受外部及内部形成的各种荷载和作用，以满足结构在功能和使用上的要求。但是由于建造阶段可能发生的设计疏忽和施工失误，以及老化阶段可能产生的各种损伤积累，导致结构正常抗力降低，影响结构的耐久性，结构的使用寿命会受到影响。

由于年代较远的房屋不能满足使用上的要求，所以对房屋的安全性提出了更高的要求。在城市建设中，要求房屋主管部门争取"建加并重"，将房屋检查维修、加固与改造工作列入议事日程，及时发现房屋发生的裂缝和缺陷并及时加固补强，防患于未然，加快旧房整治、加固，确保安全。

工程结构经过长期使用也存在耐久性问题，如受到环境因素的影响、随着时间的推移，结构的性能将会发生退化，结构在整个使用寿命期间会产生各种风险。结构加固是通过一些有效的措施，使受损结构恢复原有的结构功能，或者在已有结构的基础上提高结构抗力，以满足新的使用条件下结构的功能要求。结构加固涉及的内容十分广泛，它包含了结构损伤的检测及鉴定方法、加固理论和加固技术、加固方案选择与投资效益的优化等。为了保证结构的正常使用，延续结构的使用寿命，在一些经济发达的国家，工程结构的维修费用和加固费用，有的已达到或超过新建工程的投资。例如美国 20 世纪 90 年代初期用于旧建筑维修和加固上的投资已占到建设总投资约 50%，英国为 70%，而德国则达到 80%。世界上经济发达国家的工程建设大都经历了三个阶段，即大规模新建阶段、新建与维修并重阶段、工程结构维修加固阶段。我国新中国成立以来，从"一五"开始至今一直在进行大规模的工程建设，当这些建设活动达到顶峰之后，结构的耐久性问题将更加突出。据统计，我国 20 世纪 60 年代以前建成的房屋约有 25 亿平方米，这些房屋已进入中老年阶段，需要对其进行结构鉴定和可靠性评估，以便实施维护和加固，以延长他们的使用寿命。

近十余年来，结构鉴定与加固改造技术在我国得以迅速发展并且初具规模，作为一门新的学科正在逐渐形成。这一方面是在建筑业发展进入第二个时期后，既有建筑的维护改造需求的驱动；另一方面也是由于现代技术的发展，对该领域的发展提供较好的技术条件。既有建筑的现代化改造是一项对已有建筑进行改造、扩充、挖潜和加固等的综合性活动，是在既有建筑的基础上进行新的建筑创作，在安全、可靠、经济合理的前提下满足新的功能和标准要求。它与新建建筑不同，由于涉及既有建筑和新建建筑两部分，结构体系复杂、影响因素多、技术难度大，所以，对既有建筑全面科学的鉴定，采取合理、可靠的加固措施是既有建筑现代化改造的关键，既有建筑的维修与改造，尽可能延长其寿命，符合可持续发展攻略，因而其有广阔的前景。

一、工程质量事故

新中国成立以来，特别是改革开放以后，建筑业得到了很大的发展，工程结构的质量一般都是好的，但是重大工程质量事故每年发生几十起。

在土木工程中，由于勘察、设计、施工、管理、使用等方面存在某些缺陷和错误，往往导致工程质量隐患，给人民生命财产带来巨大损失。事故发生的原因是多种多样的，从已有事故分析，其主要原因有以下几个方面：

（1）工程勘察失误：诸如不认真进行地质勘查，随意确定地基承载力；盲目套用邻近场地的勘察资料。

工程实例：某市化工厂综合楼，工程勘察中不按有关规范行事，未进行原状取土和取样实验，探孔深度未触及地基下存在的泥炭土层。房屋建成后，高压缩性的软土层产生较大压缩变形，致使建筑物产生过大沉降和沉降差，建成后不到两年，最大沉降达 $362m^2$，墙体普遍开裂。

（2）设计方案不当或设计错误：工程设计时，结构方案欠妥，构造措施不当，结构计算简图与实际情况不符；漏算或少算作用于结构上的荷载；设计人员技术水平所限与欠认真。

工程实例：某市煤炭局办公楼会议室，平面尺寸 $9.6m \times 7.2m$，采用井字盖楼，设计人员错误认为长项梁的弯矩大于短项梁的弯矩，导致短项梁配筋不足、承载力不够、跨中严重开裂。

（3）施工质量低劣、技术人员素质较差，不了解设计意图，盲目施工，甚至为了施工方便，擅自修改图样；施工方案考虑不周，技术组织设计不当；砌体组砌方法不当，造成通缝或重缝，混凝土浇筑方法错误，形成孔洞或裂缝；进场材料控制不严，钢材物理力学性能不良，水泥过期或安定性不合格，混凝土制品质量低劣。

工程实例：上海某大厦为现浇钢筋混凝土剪力墙体系，结构层数地下一层，地面以上二十层，在施工到 11～14 层主体结构时，使用了安定性不合格的水泥，设计混凝土强度等级 C30，实际测定只有 C10～C15，混凝土表面掉皮、内部疏松，造成重大质量事故。后对使用不合格水泥的第 11～14 层逐层实施爆破拆除。

（4）结构使用或改建不当，经核算就在原有建筑物上加层或对构筑物进行改造，造成原有结构承载力不够或地基承载力不足。

工程实例：某市一栋单层空旷砌体房屋，一侧纵墙面对马路，使用者拟将其改造成超市。为了扩大入口增加门窗取得立面效果，将沿街一侧砖柱之间墙体全部拆除，仅剩下残缺不全的独立砖柱支撑房屋系统，结果造成房屋倒塌。

（5）管理失误：主观上要求高速度进行基民建设，不按客观规律办事，边勘察、边设计、边施工，留下大量工程隐患，造成极大浪费，国民经济迅速发展，设计施工队伍不断扩大，技术跟不上要求，管理出现严重漏洞。

（6）腐败现象：在市场经济冲击下建设领域不正之风和腐败现象蔓延，是导致工程质量质量事故的主要原因之一。

二、结构的耐久性

经长期使用结构的耐久性会发生老化。随着结构服役时间的增长，受到气候条件环境侵蚀、物理作用或其他外界因素的影响，结构性能发生退化，结构受到损伤，甚至遭到破坏。一般来说，工程材料自身特性和施工质量是决定结构耐久性的内因，而工程结构所处的环境条件和防护措施则是影响其耐久性的外因。

（1）混凝土结构由于外部温度的变化，将会引起混凝土表面开裂和剥落，随着时间推移，混凝土碳化将使钢筋失去保护产生腐蚀，钢筋的锈蚀膨胀又引起混凝土开裂和疏松；化学介质侵蚀也会造成混凝土结构开裂，钢筋锈蚀和强度降低。

（2）砌体结构由于风力和雨水冲刷使砌体表面冻融循环，会造成砌体风化、酥裂、承载力下降。

（3）钢结构由于自然环境因素影响和外界有害介质侵蚀，钢材会发生腐蚀，锈蚀会引起构件有效截面减小而导致承载力下降，在外部环境恶劣、有害介质浓度高的情况下，钢材腐蚀速度加快。另外，在反复荷载作用下，因裂缝扩展、损伤积累会引起疲劳破坏。

结构的耐久性损伤，有时也会酿成重大工程事故。前联邦德国柏林会议厅建成于 1957 年，屋盖为马鞍形壳顶，跨度约 30m，从一对支座上伸出两条斜拱，形成受压环，斜拱之间是用悬索支承的薄壳屋面，混凝土板壳厚 65mm。由于屋面拱与壳交接处出现裂缝，不断渗水，致使钢筋锈蚀，在建成 23 年后，1980 年 5 月的一天上午，悬索突然断裂，致使房屋倒塌。

综上所述，不论是勘察、设计、施工、使用等方面存在缺陷和错误，还是受到气候的作用、化学侵蚀引起结构老化，均会造成工程隐患，降低结构的安全性和耐久性。为了确定结构的安全性和耐久性是否满足要求，需要对工程结构进行检测和鉴定，对其可靠性做出科学评价，然后进行维修和加固，以提高工程结构的安全性，延长其使用寿命。

第二节　工程结构检测与加固

一、检测与加固的任务

工程结构检测包括检查、测量和判定三个基本过程，其中检查与测量是工程检测最核心的内容，判定是目的，它是在检查与测量的基础上进行的。工程结构检测就是通过一定的设备、应用一定的技术、采取一定的数据，把所采集的数据按照一定的程序通过一定的方法进行处理，从而所检对象的某些特征值的过程。比如混凝土强度的检测可以理解为通过回弹仪等设备，应用回弹技术，按照《回弹法检测混凝土抗压强度技术规程》（GJ/T 23—2001）所规定的方法，采取回弹值以及碳化深度值，把这些值按照《回弹法检测混凝土抗压强度技术规程》（GJ/T 23—2001）规定的程序进行处理，从而计算所检混凝土抗压强度的特征值。

检测对象的特征值，对于材料而言，强度是一个很重要的特征值；对于构建来说，特征值就是该构建的承载能力；对于结构来说，特征值就是该结构的可靠性。

结构加固就是根据检测结果，按照一定的技术要求，采取相应的技术措施来增加结构可靠性的过程。

二、检测与加固的分类

工程结构检测与加固和其他事物一样，按照不同的标准有不同的分类。

1. 结构检测的分类

按分部工程来分，有地基工程检测、基础工程检测、主体工程检测、维护结构检测、粉刷工程检测、装修工程检测、防水工程检测、保温工程检测等。

按分项工程来分，有地基、基础、梁、板、柱、墙等内容的检测。

按结构不同的材料来分，有砌体结构检测、混凝土结构检测、钢结构检测、木结构检测等。

按结构用途不同来分，有民用建筑结构检测、工程建筑结构检测、桥梁结构检测。

按检测内容不同可以分为几何量检测、物理力学性能检测、化学性能检测等。

按检测技术不同可分为无损检测、破损检测、半破损检测、综合法检测等。无损检测技术在我国发展迅速，这种技术以不破坏结构见长，是工程质量检测的理想手段和首选技术。比如，材料强度回弹检测、内部缺陷以及材料强度超声检测。红外线红外成像无损检测、雷达检测等。

破损检测是最直接的检测方式，目前在检测领域仍然具有主导地位。比如，用混凝土试块来检测混凝土强度，单调加载的静力实验、伪静力实验和拟动力实验等。

半破损检测有称为微破损检测，检测时对原结构的局部有一定的破坏。比如，钻芯法检测混凝土强度、拔出法检测混凝土强度以及在钢结构或木结构上截样的检测方法等。

2. 结构加固的分类

按受力特点来分，主要有抗剪能力加固（包括地基加固和框架梁柱节点加固）、抗弯能力加固等。

按分部工程来分，有地基、基础、梁、板、柱、墙加固等。

按结构用途不同采分，有民用建筑结构加固、工业建筑结构加固、桥梁结构加固等。

按结构材料不同来分，有砌体结构加固、混凝土结构加固、钢结构加固、木结构加固等。

按加固所抵抗外力的性质不同，又有抗良加固和非抗良加固。

三、工程结构现状调查

首先，应查看工程现场进行结构现状调查，了解工程所在场地特征和周围环境情况，检查施工过程中各项原始记录和验收记录，掌握施工实际状况。其次，应审查图样资料，复核地质勘查报告与实际地基情况是否相符，检查结构方案是否合理，构造措施是否得当。第三，应调查工程结构使用情况，使用过程中有无超载情况，结构构件是否受到人为伤害，使用环境是否恶劣等。

调查时可根据结构实际情况或工程特点确定重点调查内容。例如：混凝土结构应着重检查混凝土强度等级、裂缝分布、钢筋位置；砌体结构应着重检查砌筑质量、裂缝走向、构造措施；钢结构应着重检查材料缺陷、节点连接、焊接质量。将结构基本情况调查清楚之后，在根据需要利用仪器做进一步的检测。

四、结构检测的作用

（1）结构质量鉴定的直接方式，对于已建的土木工程，不论是某一具体的结构构件还是结构整体，也不论进行质量鉴定的目的如何，所采用的直接方式仍是结构检测。比如，灾害后或事故后的建筑工程、对施工质量有怀疑的桥梁工程等。

（2）根据科学的提供依据，土木工程在使用过程中经常需要对其采取一些措施，比如，某大坝需要加高、某房屋需要加层、某大楼需要改造、某桥梁需要加固，能不能采取这些措施，则需要对工程进行检测。或者人们须知道某楼房结构的可能性如何，以及能不能满足正常使用的安全要求，是拆除或是加固等，也需要对工程进行检测。

（3）检测技术发展的需要，检测技术要发展，就必须进行社会实践可以说，检测技术是社会发展的需要。

五、结构检测的方法

工程结构的检测和鉴定应以国家及有关部门颁发的标准、规范或规程为依据，按照其规定的方法步骤进行检测和计算，在此基础上对结构的可靠性做出科学的评判。我国已颁布了《民用建筑可靠性鉴定标准》（GB 50292—1999）、《工业厂房可靠性鉴定标准》（GBJ 144—1990）、《危险房屋鉴定标准》（JGJ 125—1999）、《建筑抗震鉴定标准》（GB 50023—2009）、《超声回弹综合法混凝土强度技术规程》（CECS 02：2005）、《钻芯法检测混凝土强度技术规程》（CECS 03：2007）等一系列鉴定标准和技术规程，这是对大量结构物科学研究和工程实践所做出的总结，以此为依据进行工程结构检测与鉴定，有利于排除人为因素，统一检查标准，提高鉴定水平，在满足结构安全性和耐久性的前提下，取得最大经济效益。

工程结构的检测与鉴定就是对现存结构的损伤情况进行诊断。为了正确分析结构损伤的原因，需要对事故现场和损伤结构进行实地调查，运用仪器对受损结构或构件进行检测。现存结构的鉴定与新建结构的设计是不同的，新建结构设计可以自由确定结构的形式，调整杆件断面，选择结构材料，而现存结构鉴定只有通过现场调查和检测才能获得结构有关参数。因此，现存结构的可靠性鉴定和耐久性评估，必须建立在现场调查和结构检测的基础上。

利用仪器对结构进行现场检测可测定工程结构所用材料的实际性能，由于被测结构在试验后一般均要求能够继续使用，所以现场检测必须以不破坏结构本身使用性能为前提，目前多采用非破损检测方法，常用的检测内容和检测手段有以下几种：

（1）混凝土强度检测，非破损检测混凝土强度的方法还在不破坏混凝土的前提下，通过仪器测得混凝土的某些物理特性值，如测得硬化混凝土表面的回弹值或声速在混凝土内部的传播速度等按照相关关系退出混凝土强度指标。目前实际工程中应用较多的有回弹法、超声法、超声—回弹综合法，并以制定出相应的技术规程。半破损检测混凝土强度的方法是在不影响结构构件承载力的前提下，在结构构件上直接进行局部微破坏实验，或者直接取样实验获取数据，推算出混凝土强度指标。目前使用较多的有钻芯取样法和拔出法，并已制定出相应的技术规程。

利用超声仪还可以进行混凝土缺陷和损伤检测。混凝土结构在施工过程中因浇捣不密实会造成蜂窝、麻面甚至孔洞，在使用过程中因温度变化和荷载作用会产生裂缝。当混凝土内部存在缺陷和损伤时，超声脉冲通过缺陷时产生绕射，传播的声速发生改变，并在缺陷界面产生反射，引起波幅和频率的降低。根据声速、波幅和频率等参数的相对变化，可评判混凝土内部的缺陷状况和受损程度。

（2）混凝土碳化及钢筋锈蚀检测，混凝土结构暴露在空气中会产生碳化，当碳化深度到达钢筋时，破坏了钢筋表面起保护作用的钝化膜，钢筋就有锈蚀的危险。因此，评价现存混凝土结构的耐久性时，混凝土的碳化深度是重要依据。混凝土碳化深度可利用酚酞试剂检测，在混凝土构件上钻孔或凿开断面，涂抹酚酞试剂，根据颜色变化情况即可确定碳化深度。

钢筋锈蚀会导致保护层胀裂剥落，削弱钢筋截面，直接影响结构承载能力和使用寿命。混凝土中钢筋锈蚀是一个电化学过程。钢筋锈蚀会在表面产生腐蚀电流，利用仪器可测得电位变化情况，在根据钢筋锈蚀程度与测量电位之间的关系，可以判断钢筋是否锈蚀及锈蚀程度。

（3）砌体强度检测，砌体强度检测可采用实物取样实验，在墙体适当部位切割试件，运至实验室进行试压，确定砌体实际抗压强度。近些年，原位测定砌体强度技术有了较大发展，原位测定实际上是一种少破损或半破损的方法，实验后砌体稍加修补便可继续使用。例如：顶剪法利用千斤顶对砖砌体做现场顶剪，量测顶剪过程中的压力和位移，即可求得砌体抗剪及抗压承剪力；扁顶法采用一种专门用于检测砌体强度的扁式千斤顶，插入砖砌体灰缝中，对砌体施加压力直至破坏，根据加压的大小，确定砌体抗压强度。

（4）钢材强度确定及缺陷检测，为了了解已建钢结构钢材的力学性能，最理想的方法是在结构上截取试样进行拉压实验，但这样会损伤结构，需要补强。钢材的速度也可采用表面硬度法进行无损检测，由硬度计端部的钢球受压时在钢材表面留下的凹痕推断钢材的强度。钢材和焊缝缺陷可采用超声波法检测，其工作原理与检测混凝土内部缺陷相同。由于钢材密度比混凝土大得多，为了能够检测钢材或焊缝中较小的缺陷，要求选用较高的超声频率。

六、结构加固的意义

（1）提高结构可靠性，工程加固最突出的作用就是提高结构的可靠性，保障人们的生命和财产安全。随着人类文明的进步，人们对建筑结构可靠性的要求不断提高，而随着时间的推移，建筑结构可靠性只能下降。为了满足人们对建筑结构可靠性的时代要求，对结构的加固就是一条必然的途径。

（2）延长结构的寿命，材料在任何环境中均会受到腐蚀，在有些环境中材料腐蚀速度会很快，比如：砌体结构在室外地坪高度处的材料相对容易被腐蚀，使结构局部受损。地基变形引起结构产生开裂或倾斜。结构遭受自然灾害，比如：地震、火灾、风灾、水灾等，所有这些均使结构寿命缩短。只有通过结构加固，才能延长结构的寿命。

（3）扩展结构的用途，随着时代的发展，有些结构在使用途中会发生一些变化，比如：办公大楼改为宿舍楼，教学楼改为图书室，仓库改为食堂，住宅楼的一层改为街道面铺等。结构物的用途发生变化是表象，其实质内容是结构物的荷载发生了变化，如果试讲荷载由小变大，则在改用之前一定先进行结构加固。

（4）保护和节约社会资源，服役期已满的结构物，若仍需继续使用或已经成为历史文物而需要保护，则最佳的办法就是将原有结构进行加固。

对于既有建筑结构或可靠性不能满足使用要求的建筑结构，处理的办法只有两个，要么加固使用，要么报废拆除。建筑结构的拆除会产生副作用，比如：产生大量垃圾、尘埃污染环境、产生噪声污染等。在一定意义上讲，拆除是对原有文化的毁坏，是对结构残余能力的彻底否定。相应的，对节约社会资源而言就是一种肯定。

七、结构加固特点

工程结构应满足安全性、适用性、耐久性三项基本功能要求，当结构物存在的缺陷和损伤使得其丧失某项或几项功能要求时，就应进行补强或加固。补强与加固的目的就是提高结构及构件的强度、刚度、延性、稳定性和耐久性，满足安全要求，改善使用功能，延长结构寿命。

补强和加固工作包括设计与施工两部分，其内容与新建工程不尽相同，主要有下述特点：

（1）在加固设计时，应充分研究现存结构的受力特点、损伤情况和使用要求，尽量保留和利用现存结构，避免不必要的拆除；应根据结构实际受力状况和构件实际尺寸确定承载能力，结构承受荷载通过实际调查取值，构件截面面积采用扣除损伤后的有效面积，材料强度通过现场测试确定；加固部分属二次受力构件，结构承载力验算应考虑新增部分应力滞后现象，新旧结构不能同时达到应力峰值。

（2）在加固施工时，受客观条件制约，往往要求在不停产或不中止使用的情况下加固，应在施工前尽可能卸除部分荷载或增加临时支撑，保证施工安全，同时又可以减少原结构内力，有利于新增加部分的应力发挥；应注意新旧部分结合处连接质量，保证结合处应力传递，有利于新旧结构之间协同工作；由于腐蚀、冻融、震动、不良地基等原因造成结构损坏，加固时，必须同时采取消除、减少或抵御这些不利因素的不利因素的有效措施，以免加固后结构继续受害。

八、结构加固的方法

（1）加大截面法，加大截面法是用加大结构构件截面面积进行加固的一种方法，他不仅可以提高加固构件的承载力，而且还可以增大截面刚度。这种加固方法广泛用于加固混凝土结构梁、板、柱，钢结构中的梁柱及屋架，砌体结构的墙、柱等。但加大截面尺寸会减少使用空间，有时受到使用上的限制。

（2）外包钢加固法，外包钢加固法是在结构构件四周包以型钢的加固方法，这种方法可以在基本不增大构件截面尺寸的情况下增加构件承载力，提高构件刚度和延性。适用于混凝土结构、砌体结构的加固，但用钢量较大，加固费用较高。

（3）预应力加固法，预应力加固法采用外加预应力钢拉杆或撑杆对结构进行加固，这种方法不仅可以提高构件承载能力，减小构件挠度，增大构件抗裂度，而且还能消除和减缓后加杆件的应力滞后现象，使后加部分有效的参与工作。预应力加固法广泛用于混凝土梁、板等受弯构件以及混凝土柱的加固，还用于钢梁和钢屋架的加固，是一种很有前途的加固方法。

（4）改变传力途径加固法，改变传力途径加固法是通过增设支点或采用托梁拔柱的方法而改变结构受力体系的一种加固方法。增设支点可以减小构件的承载力；托梁拔柱是在不拆或少拆上部结构的情况下，拆除或更换柱子的一种处理方法，适用于要求改变房屋使用功能或增大空间的建筑物改造。

（5）粘钢加固法，粘钢加固法是一种用胶粘剂把钢板粘贴在构件外部进行加固的方法。这种加固方法施工周期短，粘钢所占空间小，几乎不改变构件外形，却能较大幅度提高构件承载能力和正常使用阶段性能。

（6）化学灌浆法，化学灌浆法是用压送设备将化学浆液灌入结构裂缝的一种修补方法。灌入的化学浆液能修复裂缝，防锈补强，提高构件的整体性和耐久性。

（7）地基加固与纠偏，对既有结构物的地基和基础进行加固称为基础托换，基础托换方法可分为四类：加大基底面积的基础扩大技术；新做混凝土墩或砖墩加深基础的坑式托换技术；增设基桩支撑原基础的桩式托换技术；采用化学灌浆固化地基土的灌浆托换技术。基础纠偏主要有两个途径：一是在基础沉降小的部位采取措施促沉，将结构物纠正；二是在基础沉降大的部位采取措施顶升，达到纠偏目的。

工程结构的加固与补强应以国家及有关部门颁布的规范或规程为依据，按照规范或规程要求选择加固方案，进行加固设计和施工。我国已颁布了《混凝土结构加固设计规范》（GB 50367—2006）、《砖混结构房屋加层技术规范》（CECS 78：1996）、《钢结构检测评估及加固技术规程》（YB 9257—1996）、《建筑抗震加固技术规程》（JGJ 116—2009）等一系列加固技术规范和规程。这些规范和规程是在总结大量工程经验的基础上，借鉴国内外有关科研成果编写而成，对于统一加固标准、保证工程质量起到重要作用。

第二章　建筑结构加固材料与设备

第一节　建筑结构加固材料

一、水泥

混凝土结构加固用的水泥，应采用强度等级不低于 32.5 级的硅酸盐水泥和普通硅酸盐水泥，也可采用矿渣硅酸盐水泥或火山灰质硅酸盐水泥，但其强度等级不应低于 42.5 级，必要时，还可采用快硬硅酸盐水泥。当混凝土结构有耐腐蚀、耐高温要求时，应采用相应的特种水泥。配制聚合物砂浆用的水泥，其强度等级不应低于 42.5 级。

1. 通用硅酸盐水泥与特种水泥

1）通用硅酸盐水泥

通用硅酸盐水泥按混合材料的品种和掺量分为硅酸盐水泥、普通硅酸盐水泥、矿渣硅酸盐水泥、火山灰质硅酸盐水泥、粉煤灰硅酸盐水泥和复合硅酸盐水泥。

2）特种水泥

（1）低热微膨胀水泥

低热微膨胀水泥具有低水化热和微膨胀的特性，主要适用于要求较低水化热和要求补偿收缩的混凝土、大体积混凝土，也适用于要求抗渗与抗硫酸盐侵蚀的工程。

（2）抗硫酸盐硅酸盐水泥

抗硫酸盐硅酸盐水泥：是以特定矿物组成的硅酸盐水泥熟料，加入适量石膏，磨细制成的具有抵抗一定浓度硫酸根离子侵蚀能力的水硬性胶凝材料。

（3）钢渣硅酸盐水泥

钢渣硅酸盐水泥适用于一般工业与民用建筑、地下工程与防水工程、大体积混凝土工程等。

（4）硫铝酸盐水泥

硫铝酸盐水泥是具有水硬性的胶凝材料。

2. 水泥使用要求

（1）结构加固工程用的水泥进场时应对其品种、级别、包装或散装仓号、出厂日期等进行检查，并应对其强度、安定性及其他必要的性能指标进行见证取样复验。其品种和强度等级必须符合现行国家标准《混凝土结构加固设计规范》（GB 50367）及设计的规定；其质量必须符合现行国家标准《通用硅酸盐水泥》（GB 175）等的要求。

加固用混凝土中严禁使用安定性不合格的水泥、含氯化物的水泥、过期水泥和受潮水泥。

（2）普通混凝土中掺用的外加剂（不包括阻锈剂），其质量及应用技术应符合现行国家标准《混凝土外加剂》（GB 8076）及《混凝土外加剂应用技术规范》（GB 50119）的要求。

（3）结构加固用的混凝土不得使用含有氯化物或亚硝酸盐的外加剂；上部结构加固用的

混凝土还不得使用膨胀剂。必要时，应使用减缩剂。

二、混凝土

1. 混凝土一般规定

结构加固用的混凝土，其强度等级应比原结构、构件提高一级，且不得低于 C20 级。配制结构加固用的混凝土，其骨料的品种和质量应符合下列要求。

（1）粗骨料应选用坚硬、耐久性好的碎石或卵石，其最大粒径：对现场拌合混凝土，不应大于 20mm；对喷射混凝土，不应大于 12mm；对短纤维混凝土，不应大于 10mm；粗骨料的质量应符合国家现行标准《普通混凝土用砂、石质量及检验方法标准》（JGJ 52—2006）的规定；不得使用含有活性二氧化硅石料制成的粗骨料。

（2）细骨料应选用中、粗砂，对喷射混凝土，其细度模数不宜小于 2.5；细骨料的质量应符合国家现行标准《普通混凝土用砂、石质量及检验方法标准》（JGJ 52—2006）的规定。

（3）混凝土拌合用水应采用饮用水或水质符合国家现行标准《混凝土用水标准》（JGJ 63—2006）规定的天然洁净水。

（4）结构加固用的混凝土，可使用商品混凝土，但所掺的粉煤灰应为Ⅰ级灰，且烧失量不应大于 5%。当结构加固工程选用聚合物混凝土、微膨胀混凝土、钢纤维混凝土、合成短纤维混凝土或喷射混凝土时，应在施工前进行试配，经检验其性能符合设计要求后方可使用。

（5）不得使用铝粉作为混凝土的膨胀剂。

2. 混凝土强度要求

（1）混凝土强度等级应按立方体抗压强度标准值确定。立方体抗压强度标准值是指按标准方法制作、养护的边长为 150mm 的立方体试件，在 28d 或设计规定龄期以标准试验方法测得的具有 95% 保证率的抗压强度值。

（2）素混凝土结构的混凝土强度等级不应低于 C15；钢筋混凝土结构的混凝土强度等级不应低于 C20；采用强度等级 400MPa 及以上的钢筋时，混凝土强度等级不应低于 C25。

预应力混凝土结构的混凝土强度等级不宜低于 C40，且不应低于 C30。

承受重复荷载的钢筋混凝土构件，混凝土强度等级不应低于 C30。

三、钢材

1. 钢材的一般规定

1）混凝土结构加固用的钢筋，其品种、质量和性能应符合下列要求。

（1）纵向受力普通钢筋宜采用 HRB400、HRB500、HRBF400、HRBF500 钢筋，也可采用 HPB300、HRB335、HRBF335、RRB400 钢筋。

（2）梁、柱纵向受力普通钢筋应采用 HRB400、HRB500、HRBF400、HRBF500 钢筋。

（3）箍筋宜采用 HPB300、HRB400、HRF400、HRB500、HRBF500 钢筋，也可采用 HRB335、HRBF335 钢筋。

（4）预应力筋宜采用预应力钢丝、钢绞线和预应力螺纹钢筋。

（5）钢筋的质量应符合现行国家标准《钢筋混凝土用钢　第 2 部分：热轧带肋钢筋（国家标准第 1 号修改单）》（GB 1499.2—2007/XG1—2009）、《钢筋混凝土用钢　第 1 部分：热轧光圆钢筋》(GB 1499.1—2008)和《钢筋混凝土用余热处理钢筋》(GB 13014—2013)的规定。

（6）钢筋的性能设计值应按现行国家标准《混凝土结构设计规范》（GB 50010—2010）的规定采用。

（7）不得使用无出厂合格证、无标志或未经进场检验的钢筋以及再生钢筋。

（8）对受力钢筋，在任何情况下，均不得采用再生钢筋和钢号不明的钢筋。

2）混凝土结构加固用的钢板、型钢、扁钢和钢管，其品种、质量和性能应符合下列要求。

（1）应采用 Q235 级（3 号钢）或 Q345 级（16Mn 钢）钢材；对重要结构的焊接构件，若采用 Q235 级钢，应选用 Q235-B 级钢。

（2）钢材质量应分别符合现行国家标准《碳素结构钢》（GB/T 700—2006）和《低合金高强度结构钢》（GB/T 1591—2008）的规定。

（3）钢材的性能设计值应按现行国家标准的规定采用。

（4）不得使用无出厂合格证、无标志或未经进场检验的钢材。

3）当混凝土结构锚固件为植筋时，应使用热轧带肋钢筋，不得使用光圆钢筋。

4）当锚固件为钢螺杆时，应采用全螺纹的螺杆，不得采用锚入部位无螺纹的螺杆。螺杆的钢材等级应为 Q345 级或 Q235 级；其质量应分别符合现行国家标准《低合金高强度结构钢》（GB/T 1591—2008）和《碳素结构钢》（GB/T 700—2006）的规定。

2. 钢材强度要求

（1）钢筋的强度标准值应具有不小于 95％的保证率。

普通钢筋的屈服强度标准值 f_{yk}、极限强度标准值 f_{stk} 应按表 2-1 采用；预应力钢丝、钢绞线和预应力螺纹钢筋的屈服强度标准值 f_{pyk}、极限强度标准值 f_{ptk} 应按表 2-2 采用。

表 2-1　普通钢筋强度标准值　　　　　　　　　　　　　　　　　单位：N/mm²

牌　号	符　号	公称直径 d/mm	屈服强度标准值 f_{yk}	极限强度标准值 f_{stk}
HPB300	φ	6～22	300	420
HRB335	Φ	6～50	335	455
HRBF335	ΦF			
HRB400	Φ	6～50	400	540
HRBF400	ΦF			
RRB400	ΦR			
HRB500	Φ	6～50	500	630
HRBF500	ΦF			

表 2-2　预应力筋强度标准值　　　　　　　　　　　　　　　　　单位：N/mm²

种　类		符　号	公称直径 d/mm	屈服强度标准值 f_{pyk}	极限强度标准值 f_{ptk}
中强度预应力钢丝	光面螺旋肋	φ^PM φ^HM	5、7、9	620	800
				780	970
				980	1270
预应力螺纹钢筋	螺纹	φ^T	18、25、32、40、50	785	980
				930	1080
				1080	1230

续表

种　类		符　号	公称直径 d/mm	屈服强度标准值 f_{pyk}	极限强度标准值 f_{ptk}
消除应力钢丝	光面螺旋肋	ϕ^P	5	—	1570
				—	1860
			7	—	1570
		ϕ^H	9	—	1470
				—	1570

（2）普通钢筋及预应力筋在最大力下的总伸长率限值 δ_{gl} 不应小于表 2-3 规定的数值。

表 2-3　普通钢筋及预应力筋在最大力下的总伸长率限值

钢筋品种	普通钢筋			预应力筋
	HPB300	HRB335、HRBF335、HRB400、HRBF400、HRB500、HRBF500	RRB400	
δ_{gt}	10.0	7.5	5.0	3.5

（3）绕丝用的钢丝进场时，应按现行国家标准《一般用途低碳钢丝》（YB/T 5294）中关于退火钢丝的力学性能指标进行复验。

（4）结构加固用的钢丝绳网片应根据设计规定选用高强度不锈钢丝绳或航空用镀锌碳素钢丝绳在工厂预制。制作网片的钢丝绳，其结构形式应为 6×7＋IWS 金属股芯右交互捻小直径不松散钢丝绳，或 1×19 单股左捻钢丝绳；其钢丝的公称强度不应低于现行国家标准《混凝土结构加固设计规范》（GB 50367）的规定值。

（5）当承重结构的锚固作为锚栓时，其钢材的性能指标必须符合表 2-4 或表 2-5 的规定。锚栓分为扩孔型锚栓和膨胀型锚栓两种：

表 2-4　碳素钢及合金钢锚栓的钢材抗拉性能指标

	性能等级	4.8	5.8	6.8	8.8
钢栓钢材性能指标	抗拉强度标准值 f_{ak}/MPa	400	500	600	800
	屈服强度标准值 f_{vk} 或 $f_{s.0.2k}$/MPa	320	400	480	640
	伸长率 δ_s/%	14	10	8	12

注：性能等级 4.8 表示 f_{stk}=400MPa；f_{yk}/f_{stk}=0.8。

表 2-5　不锈钢锚栓（奥氏体 A1、A2、A4、A5）的钢材性能指标

	性能等级	50	70	80
锚栓钢材性能指标	螺纹公称直径 d/mm	≤39	≤24	≤24
	抗拉强度标准值 f_{ak}/MPa	500	700	800
	屈服强度标准值 f_{vk} 或 $f_{s.0.2k}$/MPa	210	450	600
	伸长值 δ/mm	0.6d	0.4d	0.3d

① 扩孔型锚栓：通过锚孔底部扩孔与锚栓膨胀件之间的锁键形成锚固作用的锚栓，如图 2-1 所示。

② 膨胀型锚栓：利用膨胀件挤压锚孔孔壁形成锚固作用的锚栓，如图 2-2、图 2-3 所示。

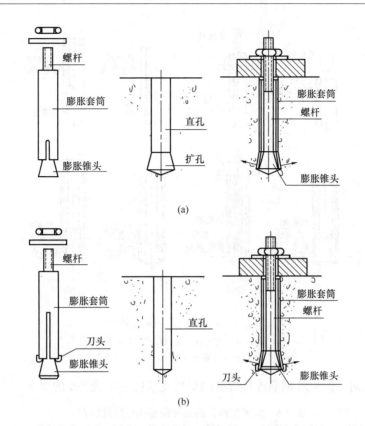

图 2-1　扩孔型锚栓
（a）预扩孔普通栓；（b）自扩孔专用栓

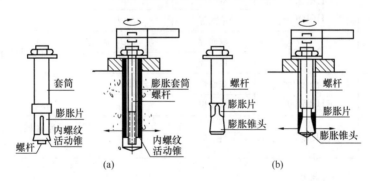

图 2-2　扭矩控制式膨胀型锚栓
（a）套筒式（壳式）；（b）膨胀片式（光杆式）

四、焊接材料

（1）结构加固用的焊接材料，其品种、规格、型号和性能应符合现行国家产品标准和设计要求。焊接材料进场时应按现行国家标准《非合金钢及细晶粒钢焊条》(GB/T 5177)、《热强钢焊条》(GB/T 5118)等的要求进行见证取样复验。复验不合格的焊接材料不得使用。

（2）焊条应无焊芯锈蚀、药皮脱落等影响焊条质量的损伤和缺陷；焊剂的含水率不得大于现行国家相应产品标准规定的允许值。

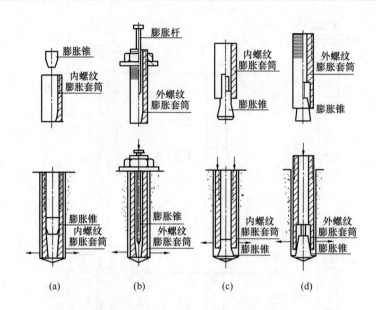

图 2-3 位移控制式膨胀型锚杆

(a) 锥下型（内塞）；(b) 杆下型（穿透式）；

(c) 套下型（外塞）；(d) 套下型（穿透式）

（3）常用型钢、钢板及钢筋连接焊缝的最低要求应满足表 2-6 的要求。

表 2-6 常用型钢、钢板及钢筋连接焊缝的要求

焊接方法	钢筋及钢材种类	焊接长度或搭接长度		备　注
钢筋与钢筋搭接焊或帮条焊	HRB335 HRB400	双面焊	$\geqslant 5d$	d 为较小钢筋直径
		单面焊	$\geqslant 10d$	
	HPB235	双面焊	$\geqslant 4d$	
		单面焊	$\geqslant 8d$	
钢筋与角钢或钢板搭接焊	HRB335 HRB400	双面焊	$\geqslant 5d$	
		单面焊	$\geqslant 10d$	
缀板与型钢搭接三面围焊	搭接长度不小于 4，$\sqrt{A_s}$ 且 $\geqslant 5t$			A_s 为缀板截面面积，t 为缀板厚度
钢板与钢板、钢板与型钢对接全熔透焊	接缝满焊			—
钢管、型钢与垫板 T 形连接焊缝	接缝处围贴角满焊，$h_t \geqslant 1.5\sqrt{t}$，$t$ 为较厚焊件厚度，且不宜大于较薄焊件厚度 1.2 倍			—

五、其他混凝土加固材料

1. 纤维和纤维复合材

1）纤维复合材用的纤维必须为连续纤维，其品种和性能必须符合下列要求：

（1）承重结构加固用的碳纤维，必须选用聚丙烯腈基（PAN 基）12k 或 12k 以下的小丝束纤维，严禁使用大丝束纤维。

14

（2）承重结构加固用的玻璃纤维，必须选用高强度的 S 玻璃纤维或含碱且低于 0.8% 的 E 玻璃纤维，严禁使用 A 玻璃纤维或 C 玻璃纤维。

（3）纤维材料的主要力学性能应符合表 2-7 的规定。

表 2-7　纤维材料的主要力学性能

纤维类别	性能项目	抗拉强度/MPa	弹性模量/MPa	伸长率/%
碳纤维	高强度 I 级	≥4900	≥2.4×10⁵	≥2.0
	高强度 II 级	≥4100	≥2.1×10⁵	≥1.8
玻璃纤维	S 玻璃（高强、无碱型）	≥3500	≥8.0×10⁴	≥4.0
	E 玻璃（无碱型）	≥2800	≥7.0×10⁴	≥3.0

注：本表的分级方法及其性能指标仅适用于结构加固，与其他用途的等级划分无关。

2）承重结构的现场粘贴加固，严禁使用单位面积质量大于 $300g/m^2$ 的碳纤维织物或预浸法生产的碳纤维织物。

3）碳纤维织物（碳纤维布）、碳纤维预成型板（以下简称板）以及玻璃纤维织物（玻璃纤维布）应按工程用量一次进场到位。纤维材料进场时，施工单位应会同监理人员对其品种、级别、型号、规格、包装、中文标志、产品合格证和出厂检验报告等进行检查。

4）结构加固使用的碳纤维，严禁用玄武岩纤维、大丝束碳纤维等替代。结构加固使用的 S 玻璃纤维（高强玻璃纤维）、E 玻璃纤维（无碱玻璃纤维），严禁用 A 玻璃纤维或 C 玻璃纤维替代。

5）纤维复合材的纤维应连续、排列均匀；织物尚不得有皱褶、断丝、结扣等严重缺陷；板材尚不得有表面划痕、异物夹杂、层间裂纹和气泡等严重缺陷。

6）纤维织物单位面积质量的检测结果，其允许偏差为 ±3%；板材纤维体积含量的检测结果，其允许偏差为 $^{+5}_{-2}$%。

7）碳纤维织物的缺纬、脱纬，每 100m 长度不得多于 3 处；碳纤维织物的断经（包括单根和双根），每 100m 长度不得多于 2 处。

玻璃纤维织物的疵点数，应不超过现行行业标准《无碱玻璃纤维布》(JC/T 170) 的规定。

2. 结构加固用胶粘剂

1）加固工程使用的结构胶粘剂，应按工程用量一次进场到位。结构胶粘剂进场时，施工单位应会同监理人员对其品种、级别、批号、包装、中文标志、产品合格证、出厂日期、出厂检验报告等进行检查；同时，应对其钢-钢拉伸抗剪强度、钢-混凝土正拉粘结强度和耐湿热老化性能等三项重要性能指标以及该胶粘剂不挥发物含量进行见证取样复验。

2）加固工程中，严禁使用下列结构胶粘剂产品：

（1）过期或出厂日期不明。

（2）包装破损、批号涂毁或中文标志、产品使用说明书为复印件。

（3）有挥发性溶剂或非反应性稀释剂。

（4）固化剂主成分不明或固化剂主成分为乙二胺。

（5）游离甲醛含量超标。

（6）以"植筋-粘钢两用胶"命名。

3）承重结构用的胶粘剂，宜按其基本性能分为 A 级胶和 B 级胶；对重要结构，悬挑构件，承受动力作用的结构、构件，应采用 A 级胶；对一般结构可采用 A 级胶或 B 级胶。

4）承重结构用的胶粘剂，必须进行安全性能检验。检验时，其粘结抗剪强度标准值应根据置信水平 $c=0.90$、保证率为 95％的要求确定。

5）浸渍、粘结纤维复合材的胶粘剂必须采用专门配制的改性环氧树脂胶粘剂，承重结构加固工程中不得使用不饱和聚酯树脂、醇酸树脂等作浸渍、粘结胶粘剂。

6）底胶和修补胶应与浸渍、粘结胶粘剂相适配。

7）粘贴钢板或外粘型钢的胶粘剂必须采用专门配制的改性环氧树脂胶粘剂。

8）种植锚固件的胶粘剂，必须采用专门配制的改性环氧树脂胶粘剂或改性乙烯基酯类胶粘剂（包括改性氨基甲酸酯胶粘剂），种植锚固件的胶粘剂，其填料必须在工厂制胶时添加，严禁在施工现场掺入。

9）钢筋混凝土承重结构加固用的胶粘剂，其钢-钢粘结抗剪性能必须经湿热老化检验合格。湿热老化检验应在温度 50℃和相对湿度 98％的环境条件下按规定的方法进行；老化时间：重要构件不得少于 90d，一般构件不得少于 60d。经湿热老化后的试件，应在常温条件下进行钢-钢拉伸抗剪试验，其强度降低的百分率（％）应符合下列要求：

（1）A 级胶不得大于 10％。

（2）B 级胶不得大于 15％。

10）混凝土结构加固用的胶粘剂必须通过毒性检验。对完全固化的胶粘剂，其检验结果应符合实际无毒卫生等级的要求。

11）在承重结构用的胶粘剂中严禁使用乙二胺作改性环氧树脂固化剂；严禁掺加挥发性有害溶剂和非反应性稀释剂。

12）寒冷地区加固混凝土结构使用的胶粘剂，应具有耐冻融性能试验合格的证书。冻融环境温度应为 -25～35℃（允许偏差 -0℃，+2℃）；循环次数不应少于 50 次；每一次循环时间应为 8h；试验结束后，试件在常温条件下测得的强度降低百分率不应大于 5％。

13）结构胶粘剂的主要工艺性能指标应符合表 2-7 的规定。

表 2-7 结构胶粘剂工艺性能要求

结构胶粘剂类别及其用途				工艺性能指标					
				混合后初黏度/(mPa·s)	触变指数	25℃下垂直度/mm	在各季节试验温度下测定的适用期/min		
							春秋用(23℃)	夏用(30℃)	冬用(10℃)
适用于涂刷	底胶			≤600	—	—	≥60	≥30	60～180
	修补胶			—	≥3.0	≤2.0	≥50	≥35	50～180
	纤维复合材结构胶	织物	A 级	—	≥3.0	—	≥90	≥60	90～240
			B 级	—	≥2.2	—	≥80	≥45	80～240
		板材	A 级	—	≥4.0	≤2.0	≥50	≥40	50～180
	涂刷型粘钢结构胶		A 级	—	≥4.0	≤2.0	≥50	≥40	50～180
			B 级	—	≥3.0	≤2.0	≥40	≥30	40～180

续表

结构胶粘剂类别及其用途			工艺性能指标					
			混合后初黏度/(mPa·s)	触变指数	25℃下垂直度/mm	在各季节试验温度下测定的适用期/min		
						春秋用(23℃)	夏用(30℃)	冬用(10℃)
适用于压力灌注	压注型粘钢结构胶	A级	≤1000	—	—	≥40	≥30	40~120
	裂缝补强修复用胶	0.05≤w<0.2 A级	≤150	—	—	≥50	≥40	50~210
		0.2≤w<0.5	≤300	—	—	≥40	≥30	40~180
		0.5≤w<1.5	≤800	—	—	≥30	≥20	30~180
	锚固用快固型结构胶	A级	—	≥4.0	≤2.0	10~25	5~15	25~60
锚固用非快固型结构胶		A级	—	≥4.0	≤2.0	≥40	≥30	40~120
		B级	—	≥4.0	≤2.0	≥40	≥25	40~120
试验方法标准			本规范附录K	本规范附录L	GB/T 13477	GB/T 7123.1		

注：1. 表中的指标，除已注明外，均是在 (23±0.5)℃试验温度条件下测定。

2. 当表中仅给出 A 级胶的指标时，表明该用途不允许使用 B 级胶。

3. 表中符号 w 为裂缝宽度，其单位为 mm。

4. 当外粘钢板采用压力灌注法施工时，其结构胶工艺性能指标应按"压注型粘钢结构胶"一栏的规定值采用。

5. 对快固型植筋、锚栓用胶的适用期，本表根据不同型号产品的特性和工程的要求规定了一个范围。选用时，应由设计单位与厂家事先商定，且厂家应保证其产品在适用期内能良好地完成注胶作业。

6. 快固型植筋胶粘剂在锚孔深度大于 800mm 的情况下使用时，厂家应提供气动或电动注胶器及全套配件，并派技术人员进行操作指导。

7. 当裂缝宽度 w>2.0mm 时，宜按本规范表 4.8.1 的规定，采用注浆料修补裂缝。

8. 当按本表所列试验方法标准测定胶液的垂流度（下垂度）时，其模具深度应改为 3mm，且干燥箱内温度应调节到 (25±2)℃。

3. 混凝土裂缝修补材料

（1）混凝土裂缝修补胶的安全性能指标应符合表 2-8 的规定。

表 2-8 裂缝修补胶（注射剂）安全性能指标

检 验 项 目		性 能 指 标
钢-钢拉伸抗剪强度标准值/MPa		≥10
胶体性能	抗拉强度/MPa	≥20
	受拉弹性模量/MPa	≥1500
	抗压强度/MPa	≥50
	抗弯强度/MPa	≥30，且不得呈脆性（碎裂状）破坏
不蒸发物含量（固体含量）		≥99%
可灌注性		在产品使用说明书规定的压力下能注入宽度为 0.1mm 的裂缝

注：当缝补目的仅为封闭裂缝，而不涉及补强、防渗的要求时，可不做可灌注性检验。

（2）混凝土裂缝修补用注浆料的安全性能指标应符合表 2-9 的规定。

表 2-9　修补裂缝用聚合物水泥注浆料安全性能指标

检　验　项　目		性能或质量指标
浆体性能	劈裂抗拉强度/MPa	≥5
	抗压强度/MPa	≥40
	抗弯强度/MPa	≥10
主蒸料与混凝土的正拉粘结强度/MPa		≥2.5，且为混凝土破坏

（3）混凝土及砌体裂缝修补用的注浆料进场时，应对其品种、型号、出厂日期及出厂检验报告等进行检查；当有恢复截面整体性要求时，尚应对其安全性能和工艺性能进行见证抽样复验，其复检结果应符合现行国家标准《混凝土结构加固设计规范》（GB 50367）及表 2-10的要求。

表 2-10　混凝土及砌体裂缝用注浆料工艺性能要求

检 验 项 目		注浆料性能指标		试验方法标准
		改性环氧类	改性水泥基类	
密度/（g/cm³）		>1.0	—	GB/T 13354
初始黏度/（mPa·s）		≤1500	—	本规范附录 K
初凝性能	初始值/mm		≥380	GB/T 50448
	30min 保留率/%		≥90	
24h 性能	3h/%		≥0.10	GB/T 50448 及
	24h 与 3h 之差值/%		0.02～0.20	GB/T 50119
大于 7d 大约束线性收缩率/%		≤0.10	—	HG/T 2625
泌水率/%		—	0	GB/T 50080
规定的可操作时间/min		≥60	≥90	GB/T 7123
适合注浆的裂缝宽度 w/mm		1.5＜w≤3.0	3.0＜w≤5.0且符合产品说明书规定	—

注：1. 适合注浆的裂缝宽度系指有恢复截面整体性要求的情况而方言；若仅要求封闭、填充裂缝，可按产品使用说明书给出的 w 值，通过试灌注确定。

　　2. 当混凝土构件有补强要求时，应采用裂缝修补胶（注射剂），其工艺性能应符合本规范表 4.4.6 的要求。

（4）改性环氧类注浆料中不得含有挥发性溶剂和非反应性稀释剂；改性水泥基注浆料中氯离子含量不得大于胶凝材料质量的 0.05％。任何注浆料均不得对钢筋及金属锚固件和预埋件产生腐蚀作用。

4. 阻锈剂

（1）混凝土结构钢筋的防锈，宜采用喷涂型阻锈剂。承重构件应采用烷氧基类或氨基类喷涂型阻锈剂。

（2）喷涂型阻锈剂的质量应符合表 2-11 的规定。

表 2-11　喷涂型阻锈剂的质量

烷氧基类阻锈剂		氨基类阻锈剂	
检验项目	合格指标	检验项目	合格指标
外观	透明、琥珀色液体	外观	透明、微黄色液体
浓度	0.88g/mL	相对密度（20℃时）	1.13
pH 值	10～11	pH 值	10～12
黏度（20℃时）	0.95mPa·s	黏度（20℃时）	25mPa·s
烷氧基复合物含量	≥98.9%	氨基复合物含量	>15%
硅氧烷含量	≤0.3%	氯离子 Cl^-	无
挥发性有机物含量	<400g/L	挥发性有机物含量	<200g/L

喷涂型阻锈剂的性能指标应符合表 2-12 的规定。

表 2-12　喷涂型阻锈剂的性能指标

检 验 项 目	合 格 指 标
氯离子含量降低率	≥90%
盐水浸渍试验	无锈蚀，且电位为 0～−250mV
干湿冷热循环试验	60 次，无锈蚀
电化学试验	电流应小于 $150\mu A$，且试样检查无锈蚀
现场锈蚀电流检测	喷涂 150d 后现场测定的电流降低率≥80%

注：对亲水性的阻锈性，宜在增喷附加涂层后测定其氯离子含量降低率。

对掺加氯盐、使用除冰盐和海砂以及受海水侵蚀的混凝土承重结构加固时，必须采用喷涂型阻锈剂，并在构造上采取措施进行补救。

对混凝土承重结构破损界面的修复，不得在新浇的混凝土中采用以亚硝酸盐类为主要成分的阳极型阻锈剂。

5. 聚合物砂浆原材料

（1）配制结构加固用聚合物砂浆（包括以复合砂浆命名的聚合物砂浆）的原材料，应按工程用量一次进场到位。聚合物原材料进场时，施工单位应会同监理单位对其品种、型号、包装、中文标志、出厂日期、出厂检验合格报告等进行检查，同时尚应对聚合物砂浆体的劈裂抗拉强度、抗折强度及聚合物砂浆与钢粘结的拉伸抗剪强度进行见证取样复验。其检查和复验结果必须符合现行国家标准《混凝土结构加固设计规范》（GB 50367）的规定。

（2）当采用镀锌钢丝绳（或钢绞线）作为聚合物砂浆外加层的配筋时，除应将保护层厚度增大 10mm 并涂刷防碳化涂料外，尚应在聚合物砂浆中掺入阻锈剂，但不得掺入以亚硝酸盐等为主成分的阻锈剂或含有氯化物的外加剂。

（3）聚合物砂浆的用砂，应采用粒径不大于 2.5mm 的石英砂配制的细度模数不小于 2.5 的中砂。其使用的技术条件，应按设计强度等级经试配确定。

6. 水泥基灌浆料

1）混凝土结构及砌体结构加固用的水泥基灌浆料进场时，应按下列规定进行检查和复验。

（1）应检查灌浆料品种、型号、出厂日期、产品合格证及产品使用说明书的真实性。

（2）应按表 2-13 规定的检验项目与合格指标，检查产品出厂检验报告，并见证取样复验其浆体流动度、抗压强度及其与混凝土正拉粘结强度等 3 个项目。若产品出厂报告中有漏检项目，也应在复验中予以补检。

（3）若怀疑产品包装中净重不足，尚应抽样复验。复验测定的净重不应少于产品合格证标示值的 99%。

2）对进口产品，应具有该国或国际认证机构检验结果出具的地震区适用的认证证书。

3）锚栓外观表面应光洁、无锈、完整，栓体不得有裂纹或其他局部缺陷；螺纹不应有损伤。

表 2-13　结构加固用水泥基灌浆料安全性能及重要工艺性能要求

检 验 项 目		龄期/d	技术指标	试验方法标准
重要工艺性能要求	最大骨料粒径/mm	—	≤4	JC/T 986
	流动度　初始值/mm	—	≥300	GB/T 50448
	流动度　30min 保留率/%	—	≥90	
	竖向膨胀率/%　3h	—	≥0.10	GB/T 50448 及 GB/T 50119
	竖向膨胀率/%　24h 与 3h 之差值	—	0.020～0.20	
	泌水率/%	—	0	GB/T 50448
浆体安全性能要求	抗压强度/MPa	7d	≥40	JGJ 70
	抗压强度/MPa	28d	≥55	
	劈裂抗拉强度/MPa	28	≥5.0	本规范附录 P
	抗折强度/MPa	28	≥10.0	本规范附录 Q
	与 C30 混凝土正拉粘结强度/MPa	28	≥1.8，且为混凝土内聚破坏	本规范附录 E
	与钢筋粘结强度/MPa　热轧带肋钢筋	28	≥12.0	DL/T 5150
	对钢筋腐蚀作用	0（新拌浆料）	无	GB/T 8076
	浆液中氯离子含量/%	0（新拌浆料）	不大于胶凝材料质量的 0.05	GB/T 8077

注：表中各项目的性能检验，应以产品规定的最大用水量制作试样。

第二节　建筑结构加固设备

一、高压灌浆机

高压灌浆机是各种建筑物与地下混凝土工程的裂缝、伸缩缝、施工缝、结构缝的化学灌浆堵漏、结构补强的专业施工机具，高压灌浆机堵漏免开槽，压力大，可以背水面施工，比手压泵压力大，效率高，质量好。

（一）特点

（1）工作压力大：瞬间最高压力可达 10000Psi（700kg/cm²）（施工时最高工作压力为 500kg，严禁超过 700kg），流量为 0.74L/min，可使化学浆进入 0.02mm 以上发丝裂缝深达 1000mm。

（2）机械性能稳定：按规程操作，使用配套的注浆嘴，可保证、连续、高效、安全施工。

（3）使用方便：体积小、重量轻、易于搬运、清洗、维修，只要有 220V 的电源接驳就可使用。

（4）适用灌注材料：水溶性聚氨酯堵漏剂，油溶性聚氨酯堵漏剂，环氧树脂灌注料，丙烯酸树脂灌注料等无颗粒状、低黏度浆液。

注：使用双组分灌浆液时，灌注前必须掌握好材料固化时间，防止浆液在机器内固化，否则灌浆部件因不能清洗将报废。

（5）一机多用：堵漏注浆、软地基固结注浆、结构体于干裂缝补强注浆。

（二）使用说明

1. 使用守则

1）正确接电：本机需使用 220V 交流电，不可使用 380V 交流电。

2）各部件保持正常：

（1）机具各部件螺丝务必锁紧，电钻必须完全插入固定座内，不得松动。

（2）高压管与机身主体及高压灌注机身连接处必须缠绕生料带后拧紧，防止漏浆。

（3）压力表需反应正常。施工时，如表针不能正常升降，需更换新表后现施工。

3）禁止事项

（1）注浆时，严禁以点击方式开关电源；严禁在 200kg 以上压力情况下二次启动；严禁超过 700kg 压力情况下继续注浆施工。

（2）严禁灌注有颗粒成分的浆液，如树脂砂浆，水泥砂浆，无收缩水泥等。

（3）禁止用没有黏度的液体，如（水）测试工作压力。

注：违反以上禁止事项操作，将可能造成齿轮转动系统负载过大发生部件断裂、高压管爆裂。由此造成机械报告，后果自负，不予保修。

2. 机具清洗

连续注浆不宜超过 4h，防止机器过热造成部件磨损。停止注浆超过 30min 或施工结束时，机器应及时清洗，清洗可用专用清洗剂。

清洗方法：先将置料桶和高压管内浆液全部泵回容器内、在置料桶内倒入 300CC 清洗剂顶出高压管中的浆液。浆液全部顶出后，再倒入 300CC 清洗剂，浆灌注枪放入置料桶内循环清洗，清洗 2～3min 后将清洗剂泵入容器内，再倒入适量机油循环，以保养润滑，清洗即为完成。

3. 故障排除

（1）如机器无压力或不出浆时，先检查高压灌注枪前端牛油头内的密封垫是否变形。如已变形，需换新的密封垫（因机器工作压力大，密封垫需经常更换）。

（2）牛油头内密封垫如没有问题，检查高压管与压力表下面的三通连接端口是否有污物堵塞，如有清理干净即可。

（3）前边两项检查结束后，机械仍无压力或不出浆，请将压力表下的三通拧下，将铜制泵浦内的弹簧和钢珠取出清洗，同时清洗泵浦腔内污物。清洗结束后按钢珠→弹簧→三通顺序装回即可。

（4）各部件连接处，如有漏浆，请用生料带缠紧后重新锁紧连接。

（5）置料桶下机器主体活塞处主轴与主轴螺帽内有铁氟龙垫圈，此处功用在于防漏，如出现漏浆，请调整主轴即可止漏。

（三）施工工艺

1. 前期施工步骤要求

（1）寻找裂缝：对于潮湿基层，先清扫明水，待基层全部清理干净、表面稍干时，仔细寻找裂缝，并清洗漏水裂缝处的污痕迹或结晶污垢，用色笔或粉笔沿裂缝作好记号；对于干燥基层，清理后可用气泵或吹风机吹除表面灰尘。

（2）钻孔：按混凝土结构厚度，距离裂缝约 150～350mm，沿裂缝方向两侧交叉钻孔。孔距应按现场实际情况而定，以两孔注浆后液在裂缝处能交汇为原则，一般刚开始时孔距应为 200mm；孔与裂缝断面应按配套的注浆嘴直径而定，一般采用为 14mm 钻头。孔与裂缝断面应成 45°～60°交叉，并交叉在底板中的 1/3 范围。

（3）埋设注浆嘴：注浆嘴为配套部件，是浆液注入裂缝内的连接件。埋设时将橡胶部分塞入已钻孔的孔内，然后注浆嘴前部六方处，用工具紧固，并尽可能使注浆嘴的橡胶部分及孔壁干燥，否则在紧固时容易引起打滑。

2. 前期施工应注意的问题

（1）在寻找裂缝时，首先应对裂缝进行分析，并按裂缝不同宽度、长度分别取芯，摸清裂缝深度发展规律，合理安排钻孔位置。如非贯穿裂缝且深度较浅，可不用取芯。

（2）寻找裂缝是一项繁琐、细致的工作，如表面不易干燥，可以用喷灯烘干，裂缝处因含水，立即可发现，能提高工作效率。每一施工区块必须确保无遗漏。

3. 灌注浆液

（1）灌注浆液应从第一格注浆嘴开始（结构立面由下往上灌注），当浆液从裂缝处冒出，应立即停止，移入第二格继续灌注，依次向前进行。在灌注过程中，如果浆液已满相邻注浆嘴位置，可以跳开不注；如注浆后发现裂缝两端仍有裂缝延伸，或有裂缝与其交叉，应该在该位置补孔，重新注浆。这样，整条裂缝的第一次注浆才算结束。

（2）为使裂缝完全灌满浆液，应进行二次注浆。第二次灌注应与每一次间隔一段时间，但必须在浆液凝固前完成。如二次灌注后，浆液仍未灌满，应在该位置重新钻孔注浆。

4. 注浆时应注意的问题

（1）当一格注浆嘴在灌注较长时间后（约 5min 后），浆液仍未从裂缝内冒出，应停止灌注，间隔一段时间进行，如未灌满，应检查钻孔是否与裂缝交叉、底板是否因有孔洞造成跑浆等情况，等查明原因后再进行。

（2）灌注时应严密注视灌注机的工作压力表，如超过额定压力（500kg 以上）。应停机待压力表针回零后再进行。如压力仍居高不下，应重新钻孔，并确认钻孔与裂缝完全交叉时再注浆。

（3）堵塞注浆时，如裂缝和钻孔内没有水，待浆液灌注完成后，应从原注浆嘴向裂缝处补注清水（冬季或环境温度较低时应补注 30℃ 以上的清水）。

（4）聚氨酯堵漏剂是遇水膨胀的材料，工作时应穿戴好防护器具如手套、护目镜，如不慎溅入眼睛，应立即送医院。

5. 表面清理及设备维护

（1）待浆液凝固后，施工面固化浆液应及时清理干净，清除注浆嘴后用水不漏抹平。

（2）灌注机连续使用最多不超过 4h，如中途停止工作超过 30min，应及时清洗机械，清洗结束后加注润滑油。

灌注机使用前应经常检查（齿轮箱应定期加注黄油），发现异常，立即予以检修，以防施工时发生故障。

二、等离子弧切割机

等离子弧切割机是借助等离子切割技术对金属材料进行加工的机械。

等离子切割是利用高温等离子电弧的热量使工件切口处的金属部分或局部熔化（或蒸发），并借高速等离子的动量排除熔融金属以形成切口的一种加工方法。

（一）特点及适用

（1）等离子切割速度快、精度高，尤其在切割普通碳素钢薄板时，速度可达氧切割法的 5～6 倍，切割面光洁、热变形小、几乎没有热影响区，切割时整齐、无掉渣现象。

（2）通过从水蒸气中获取的等离子安全、简便、有效。多功能并环保的方法是对 0.3mm 以上厚度的金属进行热加工处理（切割、熔焊、钎焊、淬火、喷涂等），这在金属加工工业史上实属首创。

（3）等离子弧切割机最主要的特性是其经济实用性，正如其使用不需要压气机、变压器、气瓶等辅助器材，相对轻便，并配有焊工的单肩包方便携带。

4. 适用于低碳钢板、铜板、铁板、铝板、镀锌板、钛金板等金属板材。

（二）操作规程

1. 使用前及切割时

（1）应检查并确认电源、气源、水源，无漏电、漏气、漏水，接地或接零安全可靠。

（2）小车、工件应放在适当位置，并应使工件和切割电路正极接通，切割工作面下应设有溶渣坑。

（3）应根据工件材质、种类和厚度选定喷嘴孔径，调整切割电源、气体流量和电极的内缩量。

（4）自动切割小车应经空车运转，并选定切割速度。

（5）操作人员必须戴好防护面罩、电焊手套、帽子、滤膜防尘口罩和隔音耳罩。不戴防护镜的人员严禁直接观察等离子弧，裸露的皮肤严禁接近等离子弧。

（6）切割时，操作人员应站在上风处操作。可从工作台下部抽风，并应缩小操作台上的敞开面积。

（7）切割时，当空载电压过高时，应检查电器接地、接零和割炬手把绝缘情况，应将工作台与地面绝缘，或在电气控制系统安装空载断路断电器。

（8）高频发生器应设有屏蔽护罩，用高频引弧后，应立即切断高频电路。

2. 切割操作及配合人员防护

（1）现场使用的等离子切割机机，应设有防雨、防潮、防晒的机棚，并应装设相应的消防器材。

（2）高空切割时，必须系好安全带，切接切割周围和下方应采取防火措施，并应有专人监护。

（3）当需切割受压容器、密封容器、油桶、管道、沾有可燃气体和溶液的工件时，应先消除容器及管道内压力，消除可燃气体和溶液，然后冲洗有毒、有害、易燃物质；对存有残余油脂的容器，应先用蒸汽、碱水冲洗，并打开盖口，确认容器清洗干净后，再灌满清水方可进行切割。在容器内焊割应采取防止触电、中毒和窒息的措施。割密封容器应留出气孔，必要时在进、出气口处装设备通风设备；容器内照明电压不得超过 12V，焊工与工件间应绝缘；容器外应设专人监护。严禁在已喷涂过油漆和塑料的容器内切割。

（4）对承压状态的压力容器及管道、带电设备、承载结构的受力部位和装有易燃、易爆物品的容器严禁进行切割。

（5）雨天不得在露天焊割。在潮湿地带作业时，操作人员应站在铺有绝缘物品的地方，并应穿绝缘鞋。

（6）作业后，应切断电源，关闭气源和水源。

（三）操作程序

1. 手动非接触式切割

（1）将割炬滚轮接触工件，喷嘴离工件平面之间距离调整至 3～5mm（主机切割时将"切厚选择"开关至于高挡）。

（2）开启割炬开关，引燃等离子弧，切透工件后，向切割方向匀速移动，切割速度为：以切穿为前提，宜快不宜慢。太慢将影响切口质量，甚至断弧。

（3）切割完毕，关闭割炬开关，等离子弧熄灭，这时，压缩空气延时喷出，以冷却割炬。数秒钟后，自动停止喷出。移开割炬，完成切割全过程。

2. 手动接触式切割

（1）"切厚选择"开关至于低挡，单机切割较薄板时使用。

（2）将割炬喷嘴置于工件被切割起始点，开启割炬开关，引燃等离子弧，并切穿工件，然后沿切缝方向匀速移动即可。

（3）切割完毕，开闭割炬开关，此时，压缩空气仍在喷出，数秒钟后，自动停喷。移开割炬，完成切割全过程。

3. 自动切割

（1）自动切割主要适用于切割较厚的工件。选定"切厚选择"开关位置。

（2）把割炬滚轮卸去后，割炬与半自动切割机连接坚固，随机附件中备有连接件。

（3）连接好半自动切割机电源，根据工件形状，安装好导轨或半径杆（若为直线切割用导轨，若切割圆或圆弧，则应该选择半径杆）。

（4）将割炬开关插头拔下，换上遥控开关插头（随机附件中备有）。

（5）根据工件厚度，调整合适的行走速度。并将半自动切割机上的"倒"、"顺"开关置于切割方向。

（6）将喷嘴与工件之间距离调整至 3～8mm，并将喷嘴中心位置调整至工件切缝的起始条上。

（7）开启遥控开关，切穿工件后，开启半自动切割机电源开关，即可进行切割。在切割的初始阶段，应随时注意切缝情况，调整至合适的切割速度。并随时注意两机工作是否正常。

（8）切割完毕，关闭遥控开关及半自动切割机电源开关。至此，完成切割全过程。

4. 手动割圆

根据工件材质及厚度，选择单机或并机切割方式，并选择对应的切割方法，把随机附件中的横杆拧紧在割炬保持架上的螺孔中，若一根长度不够，可逐根连接至所需半径长度并紧固，然后，根据工件半径长度，调节顶尖至割炬喷嘴之间的距离（必须考虑割缝宽度的因素）。调好后，拧紧顶尖紧固螺钉，以防松动，放松保持架紧固滚花螺钉。至此，即可对工件进行割圆工作。其割枪距钢板距离要求较高，要求割枪上的高度传感器反应更灵敏，割枪升降反应更快。

因此，采用等离子切割 4～30mm 钢板是比较理想的方法，可避免氧乙炔切割速度慢、变形大、切口熔化严重、挂渣严重等缺点。获得了一定厚度的不锈钢等材料的下料。

（四）切割规范

1. 空载电压和弧柱电压

等离子切割电源，必须具有足够高的空载电压，才能容易引弧和使等离子弧稳定燃烧。空载电压一般为 120～600V，而弧柱电压一般为空载电压的一半。提高弧柱电压，能明显地增加等离子弧的功率，因而能提高切割速度和切割更大厚度的金属板材。弧柱电压往往通过调节气体流量和加大电极内缩量未达到，但弧柱电压不能超过空载电压的 65%，否则会使等离子弧不稳定。

2. 切割电流

增加切割电流同样能提高等离子弧的功率，但它受到最大允许电流的限制，否则会使等离子弧柱变粗、割缝宽度增加、电极寿命下降。

3. 气体流量

增加气体流量既能提高弧柱电压，又能增强对弧柱的压缩作用而使等离子弧能量更加集中、喷射力更强，因而可提高切割速度和质量。但气体流量过大，反而会使弧柱变短，损失热量增加，使切割能力减弱，直至使切割过程不能正常进行。

4. 电极内缩量

所谓内缩量是指电极到割嘴端面的距离，合适的距离可以使电弧在割嘴内得到良好的压缩，获得能量集中、温度高的等离子弧而进行有效的切割。距离过大或过小，会使电极严重烧损、割嘴烧坏和切割能力下降。内缩量一般取 8～11mm。

5. 割嘴高度

割嘴高度是指割嘴端面至被割工件表面的距离。该距离一般为 4～10mm。它与电极内缩量一样，距离要合适才能充分发挥等离子弧的切割效率，否则会使切割效率和切割质量下降或使割嘴烧坏。

6. 切割速度

以上各种因素直接影响等离子弧的压缩效应，也就是影响等离子弧的温度和能量密度，而等离子弧的高温、高能量决定着切割速度，所以以上的各种因素均与切割速度有关。在保证切割质量的前提下，应尽可能地提高切割速度。这不仅提高生产率，而且能减少被割零件的变形量和割缝区的热影响区域。若切割速度不合适，其效果相反，而且会使粘渣增加，切割质量下降。

（五）保养

1. 正确地装配割炬

正确、仔细地安装割炬，确保所有零件配合良好，确保气体及冷却气流通。安装将所有的部件放在干净的绒布上，避免脏物粘到部件上。在 O 型环上加适当的润滑油，以 O 型环变亮为准，不可多加。

2. 消耗件在完全损坏前要及时更换

消耗件不要完全损坏后再更换，因为严重磨损的电极、喷嘴和涡流环将产生不可控制的等离子弧，极易造成割炬的严重损坏。所以当第一次发现切割质量下降时，就应该及时检查消耗件。

3. 清洗割炬的连接螺纹

在更换消耗件或日常维修检查时，一定要保证割炬内、外螺纹清洗，如有必要，应清洗或修复连接螺纹。

4. 清洗电极和喷嘴的接触面

在很多割炬中，喷嘴和电极的接触面是带电的接触面，如果这些接触面有脏物，割炬则不能正常工作，应使用过氧化氢类清洗剂清洗。

5. 每天检查气体和冷却气

每天检查气体和冷却气流的流动和压力，如果发现流动不充分或有泄漏，应立即停机排除故障。

6. 避免割炬碰撞损坏

为了避免割炬碰撞损坏，应该正确地编程避免系统超限行走，安装防撞装置能有效地避免碰撞时割炬的损坏。

7. 最常见的割炬损坏原因

（1）割炬碰撞。

（2）由于消耗件损坏造成破坏性的等离子弧。

（3）脏物引起的破坏性等离子弧。

（4）松动的零部件引起的破坏性等离子弧。

8. 注意事项

（1）不要在割炬上涂油脂。

（2）不要过度使用 O 形环的润滑剂。

（3）在保护套还留在割炬上时不要喷防溅化学剂。

（4）不要拿手动割炬作榔头使用。

（六）故障现象、原因及排除方法（表 2-14）

表 2-14　故障现象、原因及排除方法

序号	故　障　现　象	原　　因	排除方法
1	合上电源开关 电源指示灯不亮	1. 供电电源开关中熔断器断裂	更换
		2. 电源箱后熔断器断裂	检查更换
		3. 控制变压器损坏	更换

续表

序号	故　障　现　象	原　　因	排除方法
1	合上电源开关 电源指示灯不亮	4. 电源开关损坏	更换
		5. 指示灯损坏	更换
2	不能预调切割气体压力	1. 气源未接上或气源无气	接通气源
		2. 电源开关不在"通"位置	扳动之
		3. 减压阀损坏	修复或更换
		4. 电磁阀接线不良	检查接线
		5. 电磁阀损坏	更换
3	工作时按下割炬按钮无气流	1. 管路泄露	修复泄露部分
		2. 电磁阀损坏	更换
4	导电嘴接触工件后按动割炬按钮，工作指示灯亮但未引弧切割	1. KT1 损坏	更换
		2. 高频变压器损坏	检查或更换
		3. 火花棒表面氧化或间隙距离不当	打磨或调整之
		4. 高频电容器 C7 短路	更换
		5. 气压太高	调低
		6. 导电嘴损耗过短	更换
		7. 整流桥整流元件开路或短路	检查更换之
		8. 割炬电缆接触不良或断路	修理或更换
		9. 工件地线未接至工件	接至工件
		10. 工件表面有厚漆层或厚污垢	清除使之导电
5	导电嘴接触工件按下割炬按钮切割指示灯不亮	1. 热控开关动作	待冷却或再工作
		2. 割炬按钮开关损坏	更换
6	高频启动后控制熔断熔丝断	1. 高频变压器损坏	检查更换
		2. 控制变压器损坏	检查更换
		3. 接触器线圈短路	更换
7	总电源开关熔丝断	1. 整流元件短路	检查并更换
		2. 主变压器故障	检查更换
		3. 接触器线圈短路	检查更换
8	有高频发生但不起弧	1. 整流元件损坏（机内有异常声响）	检查更换
		2. 主变压器损坏	检查更换
		3. C1～C7 损坏	检查更换
9	长期工作中断弧不起	1. 主变压器温度太高，热控开关动作	待冷却后再工作注意降温风扇是否工作及风向
		2. 线路故障	检查修复

三、混凝土静力切割机

钢筋混凝土静力切割是靠金刚石工具（绳、锯片、钻头）在高速运动的作用下，按指定位置对钢筋和混凝土进行磨削切割，从而将钢筋混凝土一分为二，这是世界上较为先进的无震动、无损伤切割拆除工法。

钢筋混凝土静力切割拆除是将钢筋混凝土静力切割工法和吊装设备（吊车、卷扬机等）有机地结合起来完成拆除任务。

（一）金刚石绳锯机

1. 适用范围

桥梁切割拆除、码头切割拆除、大型基础切割拆除、水库大坝切割等等。

2. 施工特点

可以进行任何方向的切割，切割不受被切割体大小、形状、切割深度的限制，广泛使用于大型钢筋混凝土构件的切割。

（二）金刚石圆盘锯

1. 适用范围

安装不同规格的锯片可以完成800mm以内厚度的钢筋混凝土切割。常切割钢筋混凝土构件有楼板、剪力墙、桥梁翼缘板、防撞护栏。

2. 施工特点

金刚石圆盘锯（液压墙锯）显著特点是施工截面更加整齐，速度快。

（三）金刚石薄壁钻（水钻）

1. 适用范围

安装不同直径的钻头，可以实现钻 $\phi32\sim500$ 的单孔钻孔，钻孔深度可以达到 20 多延米。也可以对钢筋混凝土进行排孔切割，排孔切割时常用的钻头规格为 $\phi100$。

2. 特点

适合切割基础底板、混凝土楼板、混凝土梁、剪力墙、砖墙等构件。[1]

四、电焊机

（一）特点

图2-4　电焊机

1. 电焊机优点

电焊机使用电能源，将电能瞬间转换为热能、电焊机因体积小巧、操作简单、使用方便、速度较快、焊接后焊缝结实等优点广泛用于各个领域，特别对要求强度很高的制件特实用，可以瞬间将同种金属材料（也可将异种金属连接，只是焊接方法不同）永久性的连接，焊缝经热处理后，与母材同等强度，密封很好，这给储存气体和液体容器的制造解决了密封和强度的问题，如图2-4所示。

2. 电焊机缺点

电焊机在使用的过程中焊机的周围会产生一定的磁

场，电弧燃烧时会向周围产生辐射、弧光中有红外线、紫外线等两种，还有金属蒸属蒸汽和烟尘等有害物质，所以操作时必须要做足够的防护措施。焊接不适合于高碳钢的焊接，由于焊接焊缝金属结晶和偏析及氧化等过程，对于高碳钢来说焊接性能不良，焊后容易开裂，产生热裂纹和冷裂纹。低碳钢有良好的焊接性能，但过程中也要操作得当，除锈清洁方面较为烦琐，有时焊缝会出现夹渣裂纹气孔咬边等缺陷，但操作得当会降低缺陷的产生。

（二）电焊机（闪光电焊机、交流电焊机、汽油电焊机）的操作规范

1. 焊接前的准备

（1）电焊机应放在通风干燥处，放置平稳。

（2）检查焊接面罩应无漏光、破损。焊接人员和辅助人员均应穿戴好劳保用品。

（3）电焊机焊钳、电源线以及各接头部位要连接可靠、绝缘良好。不允许接线处发生过热现象，电源接线端头不得外露，应用电胶布包好。

（4）电焊机与焊钳间导线长度不得超过 30m，特殊情况不得超过 50m，导线有受潮、断股现象应立即更换。

（5）电焊线通过道路时，必须架高或穿入防护管内埋入地下，如通过轨道时必须从轨道下面通过。

（6）交流焊机初级、次级接线应准确无误，输入电流应符合设备要求。严禁接触初级线路带电部分。

（7）次级抽头联结铜板必须压紧，接线柱应有线圈。合闸前详细检查接点螺栓及其他元件应无松动或损坏。

2. 焊接中注意事项

（1）应根据工作的技术条件，选择合理的焊接工艺，不允许超负载使用，不准采用大电流施焊，不准用电焊机进行金属切割作业。

（2）在载荷施焊中焊机温升不应超过 A 级 60℃、B 级 80℃，否则应停机降温后再进行施焊。

（3）电焊机工作场合应保持干燥，通风良好。移动电焊机时，应切断电源，不得用拖拉电源的方法移动电焊机。如焊接中突然停电，应切断电源。

（4）在焊接中，不允许调节电流。必须在停焊时，使用调节手柄调节，不得过快、过猛，以免损坏调节器。

（5）禁止在起重机运行工件下面做焊接作业。

（6）如在有起重机钢丝绳区域内施焊时，应注意不得使焊机地线误碰触到吊运的钢丝绳，以免发生火花导致事故。

（7）必须在潮湿区施工时，焊工必须站在绝缘的木板上工作，不准触摸焊机导线，不准用臂夹持带电焊钳。

3. 焊接完后注意事项

（1）完成焊接作业后，应立即切断电源，关闭焊接机开关，分别清理归整好焊钳电源和地线，以免合闸时造成短路。

（2）焊时如发现自动停点的装置失效，应立即停机断电检修。

（3）清除焊缝焊渣时，要带上眼镜。注意头部避开焊渣飞溅的方向，以免造成伤害。不能对着在场人员敲打焊渣。

（4）露天作业完成后应将焊机遮盖好，以免雨淋。

（5）不进行焊接时（移动、修理、调整、工作间歇休息）应切断电源以免发生事故。

（6）每月检查一次电焊机是否接地可靠。

电焊机辅助器具包括：防止操作人员被焊接电弧或其他焊接能源产生的紫外线、红外线或其他射线伤害眼睛的气焊眼镜，电弧焊时保护焊工眼睛、面部和颈部的面罩，白色工作服、焊工手套和护脚等。

五、台钻

台式钻床简称台钻，是一种体积小巧，操作简便，通常安装在专用工作台上使用的小型孔加工机床。

台式钻床安全操作规程如下：

（1）使用前要检查钻床各部件是否正常。

（2）钻头与工作必须装夹紧固，不能用手握住工件，以免钻头旋转引起伤人事故以及设备损坏事故。

（3）集中精力操作，摇臂和拖板必须锁紧后方可工作，装卸钻头时不可用手锤和其他工具物件敲打，也不可借助主轴上下往返撞击钻头，应用专用钥匙和扳手来装卸，钻夹头不得夹锥形柄钻头。

（4）钻薄板需加垫木板，应刃磨薄板钻头，并采用较小进给量，钻头快要钻透工件时，应适当减小进给量要轻施压力，以免折断钻头损坏设备或发生意外事故。

（5）钻头在运转时，禁止用棉纱和毛巾擦拭钻床及清除铁屑。工作后钻床必须擦拭干净，切断电源，零件堆放及工作场地保持整齐、整洁。

（6）切削缠绕在工件或钻头上时，应提升钻头使之断削，并停钻后用专门工具清除切削。

（7）必须在钻床工作范围内钻孔，不应使用超过额定直径的钻头。

（8）更换皮带位置变速时，必须切断电源。

（9）工作中出现任何异常情况，应停机再处理。

（10）操作员操作前必须熟悉机器的性能、用途及操作注意事项，生手严禁单独上机操作。

（11）工作人员必须穿适当的衣服，严禁戴手套。

六、角磨机

（一）用途

角磨机是用于切削和打磨的一种磨具。轻便型多用角磨机，适合去毛刺及打磨，木工、瓦工、电焊工都常用。

安装上木工锯片就是一台灵巧的手提木工电锯，简单的木工活都能应付，不少安装地板的师傅都用。

安装上砂轮片就是一台小型手提砂轮切割机，可切削打磨小型的金属部件，搞金属加工的如做不锈钢防盗窗、灯箱制作的都少不了它。

最离不开它的还是搞石材加工安装的，可安装云石切割片、抛光片、羊毛轮等，切割、打磨、抛光全要靠它。

（二）操作规程

（1）带保护眼罩。

（2）打开开关之后，要等待砂轮转动稳定后才能工作。

（3）长头发职工一定要先把头发扎起。

（4）切割方向不能向着人。

（5）连续工作半小时后要停十五分钟。

（6）不能用手提住小零件对角磨机进行加工。

（7）工作完成后自觉清洁工作环境。

（三）注意事项

具体品牌和型号的角磨机各有不同，请在操作前务必查看说明书。

需要说明的是，角磨机设计是用来打磨的，锯、割功能不是设计师的初衷。因为角磨机转速高，使用锯片、切割片时不能用力加压，不能切割超过 20mm 厚的硬质材料，否则一旦卡死，会造成锯片、切割片碎裂飞溅，或者机器弹开失控，轻则损坏物品，重则伤人。请选择 40 齿以上的优质锯片，并保持双手操作，做好防护措施。

七、高压吹风机

（一）高压吹风机的特点

（1）低能耗：所有吹喷吸引等任何方法都有其效能，并在高压力的范围有较保守的设计，在使用情形产生变化时，豪冠风机依然安全运转。

（2）安装容易：可随时安装于使用场所供压缩空气或用于抽真空，并能任意安装于水平或垂直的方向。

（3）可靠性高：除了叶轮外，没有其他动件。叶轮直接连接马达，无齿轮或传动皮带带动，因此可靠性高，几乎免维修。

（4）低震动：机械精密度高，回转部分零件均经过极精密之的平衡设计、测试、校正，所以震动率很低。

（5）省空间：减少空间浪费。品质高，以全风三十余年之制造经验加上严密的产品生产管理制度，使所有的零件均能达到最高品质要求。同时为确保性能，每一台风机在出厂前均做运转测试。

（二）高压吹风机的应用

高压吹风机适合于各个作业中使用，如焊接吸收烟气、废气处理、工业吸尘吸废材料等。

八、电锤

（一）用途

电锤是电钻中的一类，主要用来在混凝土、楼板、砖墙和石材上钻孔。专业在墙面、混凝土、石材上面进行打孔，还有多功能电锤，调节到适当位置配上适当钻头可以代替普通电钻、电镐使用。

由于电锤的钻头在转动的同时还产生了沿着电钻杆的方向的快速往复运动（频繁冲击），

所以它可以在脆性大的水泥混凝土及石材等材料上快速打孔。高挡电锤可以利用转换开关，使电锤的钻头处于不同的工作状态，即：只转动不冲击，只冲击不转动，既冲击又转动。

（二）特点

（1）良好的减震系统：可以使操作人员握持舒适，缓解疲劳。

实现途径：通过"振动控制系统"来实现；通过软胶把手增加握持舒适度。

（2）精准的调速开关：轻触开关时转速较低，可以帮助机器平稳起钻，例如在瓷砖等平滑的表面上起钻，不仅可以防止钻头走滑，也可以防止钻孔破裂。正常工作时可使用高速以确保工作效率。

（3）稳定可靠的安全离合器：又称转矩限制离合器，避免在使用过程中因钻头的卡滞而产生的大转矩反作用力传递给用户，这是对使用者的一种安全保护。这一特点还可防止齿轮装置和电机的停止转动。

（4）全面的电机防护装置：在使用中不可避免会有颗粒状的硬物进入机器（尤其是对机器向上作业钻孔，如对墙顶钻孔），如果电机没有一定的防护，在高速旋转中极易被硬物碰断或刮伤漆包线，最终导致电机失效。

（5）正反转功能：可使电锤运用范围更加广泛，其实现形状主要是通过开关或调整碳刷位置来实现，通常大牌工具均会采用调整碳刷位置（旋转刷架）来实现，这样做的好处是操作方便，有效地抑制火花来保护换向器，延长电机使用寿命。

（三）优点缺点

1. 优点

效率高，孔径大，钻进深度长。

2. 缺点

震动大，对周边构筑物有一定程度的破坏作用；对于混凝土结构内的钢筋，无法顺利通过；由于工作范围要求，不能够过于贴近建筑物。

（四）安全操作

1. 使用电锤时的个人防护

（1）操作者要戴好防护眼镜，以保护眼睛，当面部朝上作业时，要戴上防护面罩，如图2-5所示。

（2）长期作用时要塞好耳塞，以减轻噪声的影响。

（3）长期作业后钻头处在灼热状态，在更换时应注意灼伤肌肤。

（4）作业时应使用侧柄，双手操作，防止堵转时反作用力扭伤胳膊。

（5）站在梯子上工作或高处作业应做好高处坠落措施，梯子应有地面人员扶持。

2. 作业前应注意事项

（1）确认现场所接电源与电锤铭牌是否相符。是否接有漏电保护器。

（2）钻头与夹持器应适配，并妥善安装。

图2-5　戴好防护用品

（3）钻凿墙壁、天花板、地板时，应先确认有无埋设电缆或管道等。

（4）在高处作业时，要充分注意下面的物体和行人安全，必要时设警戒标志。

（5）确认电锤上开关是否切断，若电源开关接通，则插头插入电源插座时电动工具将出其不意地立刻转动，从而可能招致人员伤害危险。

（6）如作业场所在远离电源的地点，需延伸线缆时，应使用容量足够，安装合格的延伸线缆。延伸线缆如通过人行过道应高架或做好防止线缆被碾压损坏的措施。

（五）使用注意事项

1）作业前的检查应符合下列要求：

（1）外壳、手柄不出现裂缝、破损。

（2）电缆软线及插头等完好无损，开关动作正常，保护接零连接正确、牢固可靠。

（3）各部防护罩齐全牢固，电气保护装置可靠。

2）机具启动后，应空载运转，应检查并确认机具联动灵活无阻。作业时，加力应平稳，不得用力过猛。

3）作业时应掌握电钻或电锤手柄，打孔时先将钻头抵在异型铆钉工作表面，然后开动，用力适度，避免晃动；转速如急剧下降，应减少用力，阻止电机过载，严禁用木棒加压。

4）钻孔时，应注意避开混凝土中的钢筋。

5）电钻和电锤为 40％断续工作制，不得长时间连续使用。

6）作业孔径在 25mm 以上时，应有稳固的作业平台，周围应设护栏。

7）严禁超载使用。作业中应注意音响及温升，发现异常应立即停机检查。在作业时间过长、机具温升超过 60℃时，应停机，自然冷却后再行作业。

8）机具转动时，不得撒手不管。

9）作业中，不得用手触摸电锤电锯刀具、模具和砂轮，发现其有磨钝、破损情况时，应立即停机修整或更换，然后再继续进行作业。

九、搅拌机

（一）混凝土搅拌机的种类

（1）自落式搅拌机：自落式混凝土搅拌机的结构简单，一般以搅拌塑性混凝土为主。

（2）强制式搅拌机：主要适于搅拌干硬性混凝土。

（3）连续式混凝土搅拌机：搅拌时间短、生产率高，其发展引人注目。

（二）搅拌质量

为了确保混凝土的搅拌质量，要求混凝土混合料搅拌均匀，搅拌时间短，卸料快，残留量少，耗能低和污染少。影响混凝土搅拌机搅拌质量的主要因素是：搅拌机的结构形式，搅拌机的加料容量与拌筒几何容积的比率，混合料的加料程序和加料位置，搅拌叶片的配置和排列的几何角度，搅拌速度和叶片衬板的磨损状况等。

（三）操作规程

（1）搅拌前应空车试运转。

（2）根据搅拌时间调整时间继电器定时，注意在断电情况下调整。

（3）水湿润搅拌筒和叶片及场地。

（4）过程如发生电器或机械故障应卸出部分拌合料，减轻负荷，排除故障后再开车运转。

（5）操作使用时，应经常检查，防止发生触电和机械伤人等安全事故。

（6）试验完毕，关闭电源，清理搅拌筒及场地，打扫卫生。

（四）注意事项

1. 操作注意事项

（1）混凝土搅拌机应设置在平坦的位置，用方木垫起前后轮轴，使轮胎搁高架空，以免在开动时发生走动。

（2）混凝土搅拌机应实施二级漏电保护，上班前电源接通后，必须仔细检查，经空车试转认为合格，方可使用。试运转时应检验拌筒转速是否合适，一般情况下，空车速度比重车（装料后）稍快2～3转，如相差较多，应调整动轮与传动轮的比例。

（3）拌筒的旋转主向应符合箭头指示方向，如不符实，应更正电机接线。

（4）检查传动离合器和制动器是否灵活可靠，钢丝绳有无损坏，轨道滑轮是否良好，周围有无障碍及各部位的润滑情况等。

（5）开机后，经常注意混凝土搅拌机各部件的运转是否正常。停机时，经常检查混凝土搅拌机叶片是否打弯，螺丝有否打落或松动。

（6）当混凝土搅拌完毕或预计停歇1h以上，除将余料出净外，应用石子和清水倒入抖筒内，开机转动，把粘在料筒上的砂浆冲洗干净后全部卸出。料筒内不得有积水，以免料筒和叶片生锈。同时还应清理搅拌筒外积灰，使机械保持清洁完好。

（7）下班后及停机不用时，应拉闸断电，并锁好开关箱，以确保安全。

2. 清洗注意事项

（1）定期进行保养规程所规定项目的维护、保养作业，如清洗、润滑、加油等。

（2）混凝土搅拌机开动前要先检查各控制器是否良好，停工后用水和石子倒入搅拌筒内10～15min进行清洗，再将水和石子清出。操作人员如需进入搅拌筒内清洗时，除切断电源和卸下熔断器外，并须锁好开关箱。

（3）禁止用大锤敲打的方法清除积存在混凝土搅拌机筒内的混凝土，只能用凿子清除。

（4）在严寒季节，工作完毕后应用水清洗搅拌机滚筒并将水泵、水箱、水管内积水放净，以免水泵、水箱、水管等冻坏。

（五）操作步骤

（1）将立柱上的功能切换开关，拨到"自动"位置，按下控制器上的启动开关，整个运行程序将自行自动控制运行。

（2）全过程运行完毕后自动停止，在运行工程中如需中途停机，可按下停止钮然后可重新启动。

（3）按下启动按钮后，显示屏即开始显示时间、慢速、加砂、快速、停止、快速、运行指示灯按时闪亮。

（4）自动控制时，必须把手动功能的开关全部拨到停的位置。

第三章　建筑性结构加固构造

第一节　增大截面加固构造

一、增大截面加固构造规定

1) 新增混凝土的强度等级不低于 C20，且应比原构件设计的混凝土等级提高一级。

2) 新增混凝土的最小厚度，板不应小于 40mm；梁、柱采用人工浇筑时，不应小于 60mm；采用喷射混凝土施工时，不应小于 50mm。

3) 加固用钢筋，应采用热轧钢筋。板的受力钢筋直径不应小于 8mm；梁的受力钢筋直径不应小于 12mm；柱的受力钢筋直径不应小于 14mm；加锚式箍筋不应小于 8mm；U 形箍直径应与原箍筋直径相同；分布筋直径不应小于 6mm。

4) 新增受力钢筋与原受力钢筋的净间距不应小于 20mm，并应采用短筋或箍筋与原钢筋焊接。其构造应符合下列要求：

(1) 当新增受力钢筋与原受力钢筋的连接采用短筋 ［图 3-1 (a)］ 焊接时，短筋的直径不应小于 20mm，长度不应小于其 5 倍直径，各短筋的中距不应大于 500mm。

(2) 当截面受拉区一侧加固时，应设置 U 形箍筋 ［图 3-1 (b)］。U 形箍筋应焊在原有箍筋上，单面焊缝长度为箍筋直径的 10 倍，双面焊缝长度为箍筋直径的 5 倍。

当受构造条件限制必须采用植筋方式埋设 U 形箍 ［图 5-1 (c)］ 时，应采用锚固专用的结构胶种植，不得采用自行配制的环氧树脂砂浆或其他水泥砂浆。

(3) 当采用混凝土围套加固时，应设置环形箍筋或加锚式箍筋 ［图 5-1 (d) 或 (e)］。

5) 梁的新增纵向受力钢筋，其两端应可靠锚固；柱的新增纵向受力钢筋的下端应伸入基础并应满足锚固要求；上端应穿过楼板与上层柱脚连接或在屋面板处封顶锚固。

6) 对于加固后为整体工作的板，在支座处应配负钢筋，并与跨中分布筋相搭接。分布筋应采用直径大于 4mm、间距不大于 30mm 的钢筋网，以防止产生收缩裂缝。

7) 混凝土的最大粒径不宜超过新浇混凝土最小厚度的 1/2 及钢筋最小间距的 3/4。

8) 施工时，应特别注意如下几点：

(1) 当采用四周外包混凝土加固时，应将原柱面凿毛、洗净。箍筋采用封闭箍，如图 3-2 (a) 和 (b) 所示。间距应符合《混凝土结构设计规范》(GB 50010—2010) 的规定。

(2) 当采用单面或双面加厚混凝土的方法加固时，应将原柱表面凿毛。凸凹不平应不小于 6mm，并应采取下述构造措施：

① 当新浇混凝土较薄时，用短钢筋将加固钢筋焊接在原柱的受力钢筋上，如图 3-2 (c) 所示。短钢筋直径不应小于 20mm，长度不小于 5d (d 为新增纵筋和原有纵筋直径的较小者)，各短筋的中距不大于 500mm。

② 当新浇混凝土较厚时，应用 "U" 形箍固定纵向受力钢筋，"U" 形箍筋与原柱子连接，可用焊接法，如图 3-2 (d) 所示，也可用锚固法，如图 3-2 (e) 所示。当采用焊接法

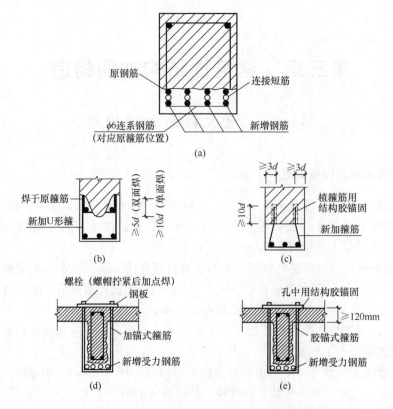

图 3-1　增大截面配置新增箍筋的连接构造

（a）短筋焊接；（b）设置 U 形箍筋；（c）植筋方式埋设 U 形箍；

（d）设置环形箍筋；（e）加固式箍筋

注：d 为箍筋直径。

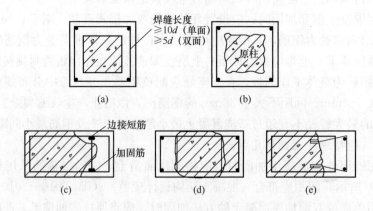

图 3-2　补浇混凝土层的结构

（a）、（b）封闭箍加固；（c）短钢筋加固；（d）焊接法；（e）锚固法

时，单面焊缝长度为 10d，双面焊缝长度为 5d（d 为"U"形箍筋直径）。锚固法的具体做法是：在距柱边不小于 3d，且不小于 40mm 处的原柱上钻孔，孔洞深度不小于 10d，孔径应比"U"形箍筋直径大 4mm，然后用结构胶将"U"形箍筋固定在原柱的钻孔内。

③ 新增混凝土的最小厚度不应小于 60mm，用喷射混凝土施工时不应小于 50mm。

二、柱增大截面加固

柱增大截面加固应根据柱的类型、截面形式、所处位置及受力情况等的不同，采用相应的加固构造方式（如图 3-3、图 3-4 所示）。

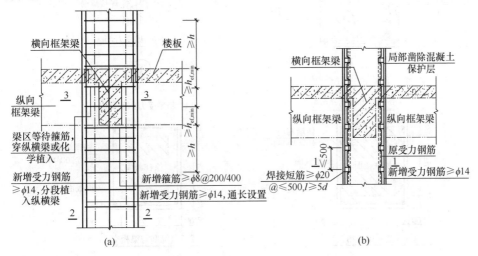

(a)　　　　　　　　　　　　　(b)

图 3-3　只加筋不增大截面、四面围套

（a）四面围套，适用于截面承载力、轴压比及刚度均不足，且相差较大时的加固；

（b）不增大截面，适用于仅配筋量不足的加固

注：剖面 1-1、3-3 如图 3-4 所示；$h_{ef,min}$ 为植筋最小有效锚固深度。

柱新增纵向受力钢筋应由计算确定，且应大于等于 $4\phi14$（四面围套）。柱纵向受力钢筋在加固楼层范围内应通长设置，中间不得断开。纵筋布置以不与梁相交为宜。纵向受力钢筋上下两端应有可靠锚固。当原基础埋深较大时，纵筋下端可在原基础顶面设置现浇钢筋混凝土围套锚固，围套高度应大于等于 l_a，且应大于等于 500mm，围套厚度应大于等于 200mm；当埋深较浅时，应采用植筋技术锚固于原基础，植筋应满足 $h_{ef} \geqslant h_{ef,min}$ 及 $C \geqslant C_{min}$ 等规定，$h_{ef,min}$ 为最小锚固深度，C_{min} 为最小边距；对于重要结构或柱根弯矩较大时，应同时采用围套和植筋双重锚固；对于扩大基础底面积的地基加固时，纵筋应伸至基底。纵筋上端应伸过加固层梁顶，并绕过梁互焊。除仅配筋量不足的加固外，柱混凝土围套厚度，采用人工浇筑时，应大于等于 60mm，采用喷射混凝土时，应大于等于 50mm；混凝土强度等级应比原柱提高一级，且不得低于 C20 级。

新增箍筋设置方法应使新旧两部分能整体工作，箍筋直径与原箍筋相同，且应大于等于 $\phi8$，间距应满足相关标准规定；箍筋形式，四面围套且截面较小时为单一封闭箍，其余情况为 U 形箍、L 形箍，或者封闭箍加 U 形、L 形箍；U 形、L 形箍可采用与原箍筋或原纵筋焊接连接，亦可采用锚接，但须满足 C_{min} 和 $h_{ef,min}$ 要求。节点部位，即纵横框架梁区域，为减小箍筋穿梁钻孔工作量，箍筋可按 $nA_{sv}f_{yv}/s$ 等效换算为较粗、间距较大的等代筋设置。

为增强新旧混凝土的粘结能力，结合面应凿毛、刷净，并宜涂刷混凝土界面结合剂一道。

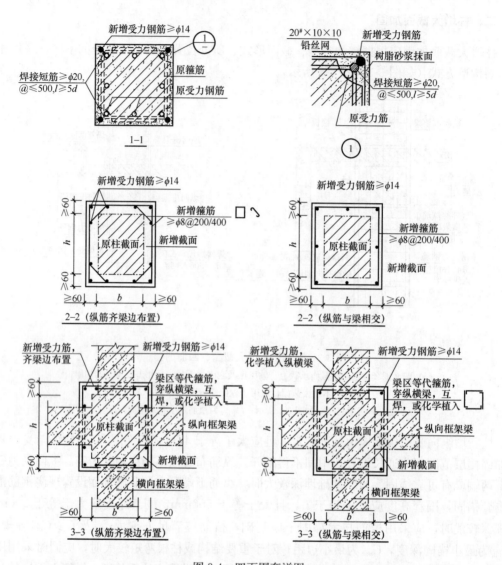

图 3-4　四面围套详图

三、梁增大截面加固

1. 加固方法

梁增大截面加固分三种情况：只增加钢筋不增大混凝土截面、钢筋和混凝土截面同时增大及变截面加固。

仅梁底正截面受弯承载力不足但相差不多时，可采用只增加钢筋而不增大混凝土截面。当正截面受弯承载力相差较多时，钢筋和混凝土截面应同时增大。当连续梁或梁顶负弯矩区受弯承载力也不足时，应双面加固。当梁受剪截面过小或斜截面受剪承载力过低必须增加箍筋和增大截面时，应采用四面或三面包套加固。从经济角度考虑，变截面加固最节省材料，简支梁跨中截面大两端小，框架连续梁两端大跨中小。图 3-5 和图 3-6 为两种梁增大截面加固构造。

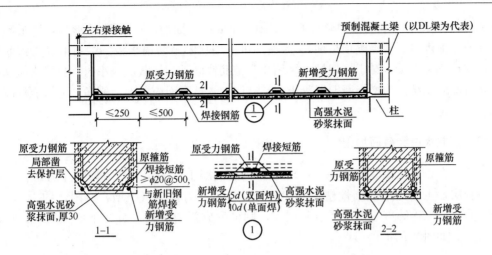

图 3-5　简支梁，只增加钢筋，不增大混凝土截面

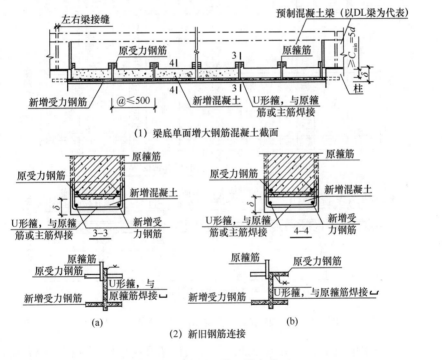

(1) 梁底单面增大钢筋混凝土截面

(2) 新旧钢筋连接

图 3-6　简支梁，单面增大截面

（a）与原箍筋焊接；（b）与原主筋焊接

2. 构造要点

梁新增受力钢筋应由计算确定，但直径不应小于 12mm，箍筋直径一般取 8～10mm，间距 300～500mm，加密区为 150～250mm。梁新增混凝土层厚度，采用人工浇筑时，不应小于 60mm，采用喷射混凝土施工时，不应小于 50mm。混凝土强度等级应比原梁提高一级，且不低于 C20。钢筋必须作保护层，只加钢筋情况可以高强水泥砂浆抹面保护。对于只加筋不增大混凝土截面情况，新增受力钢筋与原钢筋间可采用短筋焊接连接，短筋直径不应小于 20mm 长度；双面焊时不小于 $5d$，单面焊时不小于 $10d$。短筋中距不应大于 500mm，

端部加密为 250mm。混凝土围套箍筋应封闭。单面或双面加固可采用 U 形箍，U 形箍应与原箍筋或主筋焊接；现浇梁顶板面 U 形箍亦可采用化学植筋锚于板。梁新增受力钢筋两端应有可靠锚固和连接，对于框架柱可采用化学植筋锚固，当柱截面较小时，也可直接钻孔通过，并且灌胶粘结。为增强新旧混凝土的粘结能力，结合面应凿毛、刷净，并涂刷混凝土界面结合剂一道。

四、预制板增大截面加固

一般是在板面或板底增浇 30～50mm 厚钢筋混凝土后浇层。从方便施工考虑，多采用上浇叠合层，主要是形成刚性楼盖和屋盖，受弯承载力提高（净增）有限，约 10% 左右；若上浇叠合层能连续贯通整个楼盖和屋盖，则可形成新增荷载（Δq）下的连续板，承载力提高较多。如图 3-7 所示。

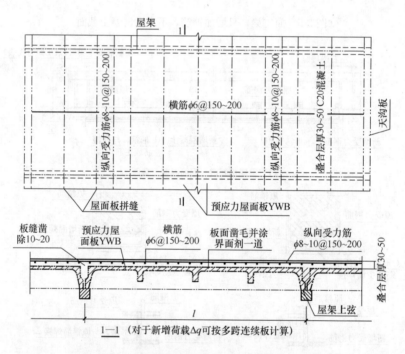

图 3-7 预制板增浇叠合层加固（以 YWB 板为例）

上浇叠合层适用单层工业厂房屋面加固及多层框架预制板楼面加固。叠合层构造配筋一般取 $\phi6@(150～200)×(150～200)$，若期望形成连续板，在板跨受力方向宜配 $\phi8～10@(150～200)$ 钢筋通长布置。板底后浇钢筋混凝土层仅适合于喷射法施工。钢筋网需用 $\phi6@600$ 钢筋以植筋方法锚固于板。对于空心板，亦可局部凿开孔洞增配钢筋后以混凝土填灌，如图 3-8 所示。

为增强新旧混凝土粘结和咬合能力，板缝应凿除 10～20mm 深灌缝混凝土，板面应凿毛，吹净灰粉，并涂混凝土界面结合剂一道。

五、现浇板增大截面加固

主要是在板面增浇 30～50mm 厚钢筋混凝土叠合层，在板底用喷射法增浇 30～50mm

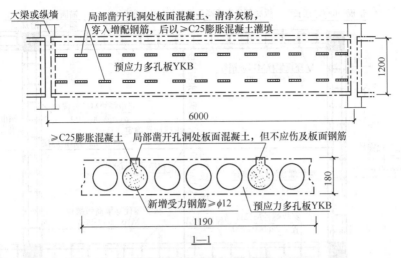

图 3-8 空心板局部凿洞增配钢筋加固

厚钢筋混凝土后浇层。板所增配钢筋应由计算确定，短跨向应大于等于 $\phi 8 \sim 10@(150 \sim 200)$，长跨向应大于等于 $\phi 6 \sim 8@(150 \sim 200)$。为使加固后的整个楼板、屋面板仍为连续板，要求对阻断钢筋（尤其是支座负筋）通过的墙和梁钻孔，使所配钢筋（主要是负筋）能连续贯通。增大截面法最适合于无梁楼盖及框架结构楼盖楼板加固，剪力墙结构楼盖因钻孔较多，施工较为麻烦。为减少穿筋钻孔对阻断结构的破坏，一般多采用"高强螺栓＋锚固角钢"办法传力，即板筋不用窗墙，全与锚固角钢焊接（如图 3-9、图 3-10 所示）。等代穿墙高强螺栓按 $A_M f_{Mtk}/S_M = A_s f_{stk}/S$ 换算，A_M、f_{Mtk} 与 S_M 分别为螺栓应力面积、抗拉强度标准值与间距；A_s、f_{stk} 与 S 分别为叠合层或后浇层所配钢筋截面面积、抗拉强度标准值与间距；高强螺栓一般选用 8.8 级～12.8 级，规格应大于等于 $M16@(160 \sim 900)$，预紧力应大于等于 $0.4 A_s f_{stk}$。锚固角钢规格应大于等于 L75×5。

图 3-9 增大截面法加固（板面布筋）

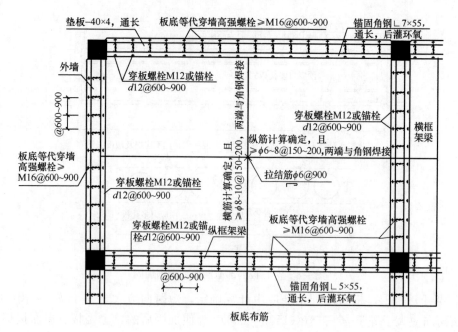

图 3-10 增大截面法加固（板底布筋）

第二节 预应力构件加固构造

一、外加预应力加固构造规定

1) 采用预应力拉杆进行加固时，其构造设计应考虑施工采用的张拉方法。当采用机张法时，应按现行国家标准《混凝土结构设计规范》（GB 50010—2010）及《混凝土结构工程施工质量验收规范》（GB 50204—2002）（2011 版）的规定进行设计；当采用横向张拉法时，应按下列规定进行设计：

（1）采用预应力水平拉杆或下撑式拉杆加固梁，且加固的张拉力在 150kN 以下时，可用两根直径为 12～30mm 的 HPB235 级钢筋；若加固的预应力较大，应用 HRB335 级钢筋。当加固梁的截面高度大于 600mm 时，应用型钢拉杆。

采用预应力拉杆加固桁架时，可用 HRB335 钢筋、HRB400 钢筋、精轧螺纹钢筋、碳素钢丝或钢绞线等高强度钢材。

（2）预应力水平拉杆或预应力下撑式拉杆中部的水平段距被加固梁或桁架下缘的净空宜为 30～80mm。

（3）预应力下撑式拉杆（图 3-11）的斜段应紧贴在被加固梁的梁肋两旁；在被加固梁下应设厚度不小于 10mm 的钢垫板，其宽度应与被加固梁宽相等，其梁跨度方向的长度不应小于板厚的 5 倍；钢垫板下应设直径不小于 20mm 的钢筋棒，其长度不应小于被加固梁宽加 2 倍拉杆直径再加 40mm；钢垫板应用结构胶固定位置，钢筋棒可用点焊固定位置。

（4）预应力拉杆端部的锚固构造：

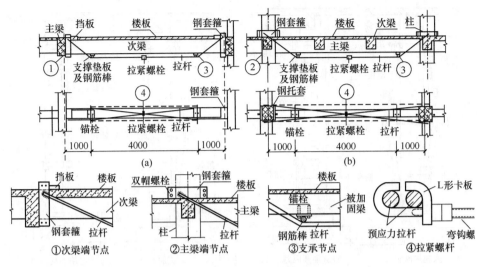

图 3-11　预应力下撑式拉杆构造

① 被加固构件端部有传力预埋件可利用时，可将预应力拉杆与传力预埋件焊接，通过焊缝传力。

② 当无传力预埋件时，应焊制专门的钢套箍，套在混凝土构件上与拉杆焊接。钢套箍可用型钢焊成，也可用钢板加焊加劲肋（图 3-11②）。钢套箍与混凝土构件间的空隙，应用细石混凝土堵塞。钢套箍对构件混凝土的局部受压承载力应经验算合格。

（5）横向张拉应采用工具式拉紧螺杆（图 3-11④）。拉紧螺杆的直径应按张拉力的大小计算确定，但不应小于 16mm，其螺帽的高度不得小于螺杆直径的 1.5 倍。

2）采用预应力撑杆进行加固时，其构造设计应遵守下列规定：

① 预应力撑杆用的角钢，其截面不应小于 50mm×50mm×5mm。压杆肢的两根角钢用缀板连接，形成槽形的截面；也可用单根槽钢作压杆肢。缀板的厚度不得小于 6mm，宽度不得小于 80mm，其长度应按角钢与被加固柱之间的空隙大小确定。相邻缀板间的距离应保证单个角钢的长细比不大于 40。

② 压杆肢末端的传力构造（图 3-12），应采用焊在压杆肢上的顶板与承压角钢顶紧，通过抵承传力。承压角钢嵌入被加固住的柱身混凝土或柱头混凝土内不应少于 25mm。传力顶板宜用厚度不小于 16mm 的钢

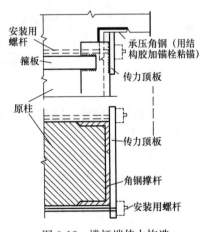

图 3-12　撑杆端传力构造

板，其与角钢肢焊接的板面及与承压角钢抵承的面均应刨平。承压角钢截面不得小于 100mm×75mm×12mm。

3）当预应力撑杆采用螺栓横向拉紧的施工方法时，双侧加固的撑杆，其两个压杆肢的中部应向外弯折，并应在弯折处采用工具式拉紧螺杆建立预应力并复位（图 3-13）。单侧加固的撑杆只有一个压杆肢，仍应在中点处弯折，并应采用工具式拉紧螺杆进行横向张拉与复位（图 3-14）。

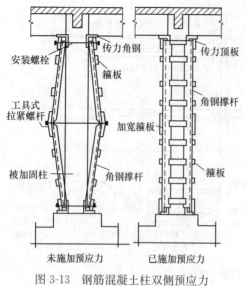
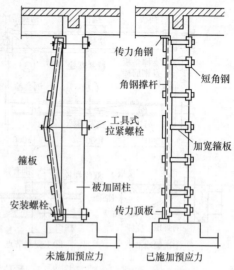

图 3-13　钢筋混凝土柱双侧预应力　　　　图 3-14　钢筋混凝土柱单侧
加固撑杆构造　　　　　　　　　　预应力加固撑杆构造

4）压杆肢的弯折与复位应符合下列规定：

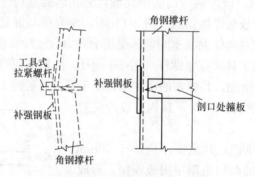

图 3-15　角钢缺口处加焊钢板补强

（1）弯折压杆肢前，应在角钢的侧立肢上切出三角形缺口。缺口背面，应补焊钢板予以加强（图 3-15）。

（2）弯折压杆肢的复位应采用工具式拉紧螺杆，其直径应按张拉力的大小计算确定，但不应小于 16mm，其螺帽高度不应小于螺杆直径的 1.5 倍。

二、梁体外预应力加固

1. 梁体外预应力加固

梁体外预应力法加固按工艺方法的不同分为高强钢筋机械张拉和普通钢筋手工张拉；按预应力筋布置方式在受力上的差异分为直线布筋及折线布筋。

（1）机械张拉适用于任何钢材和工况，但最多的是钢绞线、热处理钢筋及消除应力钢丝等高强度钢材和大跨度梁及连续梁加固，如图 3-16 和图 3-17 所示。

（2）手工张拉主要是横向张拉，工艺简单，但因钢筋弯折角度较大弯转半径较小，仅适用于 HPB235 和 HRB400 等低强度热轧钢筋和中小跨度（$l \leqslant 6m$）简支梁。

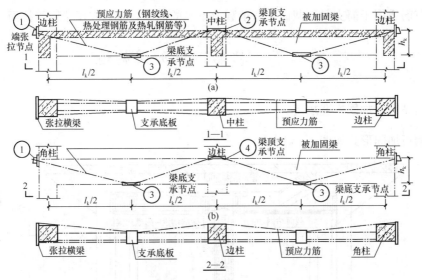

图 3-16 框架梁预应力拉杆加固（机械张拉）

(a) 框架梁预应力拉杆加固，中间跨（以 $l_k/h_k=10$，$R=20$m 为例）；

(b) 框架梁预应力拉杆加固，边跨（以 $l_k/h_k=10$，$R=20$m 为例）

注：①~④梁详图如图 3-17 所示。

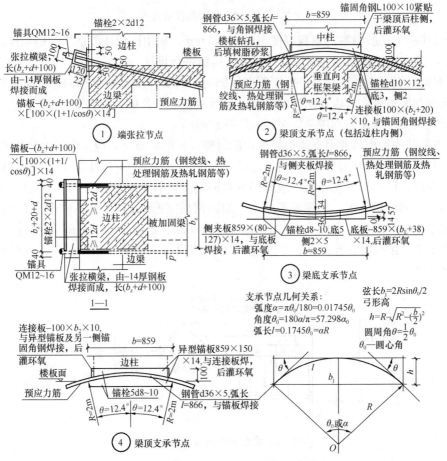

图 3-17 框架梁预应力拉杆加固节点详图

直线布筋适用于简支梁正截面受弯承载力不足的加固，钢筋布于梁底受拉面。

第三节 粘贴钢板加固构造

一、粘贴钢板加固构造规定

粘贴钢板加固形式如图 3-18 所示。

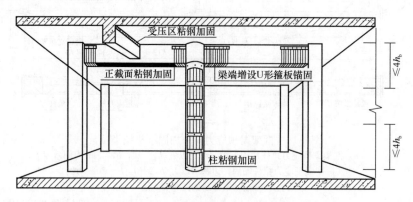

图 3-18 粘钢法加固形式示意图

1）采用手工涂胶粘贴的钢板厚度不应大于 5mm。采用压力注胶粘结的钢板厚度不应大于 10mm，且应按外粘型钢加固法的焊接节点构造进行设计。

2）对钢筋混凝土受弯构件进行正截面加固时，其受拉面沿构件轴向连续粘贴的加固钢板宜延长至支座边缘，且应在钢板的端部（包括截断处）及集中荷载作用点的两侧，设置 U 形钢箍板（对梁）或横向钢压条（对板）进行锚固。

3）当粘贴的钢板延伸至支座边缘规定的延伸长度的要求时，应采取下列锚固措施：

（1）对梁，应在延伸长度范围内均匀设置 U 形箍（图 3-19），且应在延伸长度的端部设置一道加强箍。U 形箍的粘贴高度应为梁的截面高度；若梁有翼缘（或有现浇楼板），应伸至其底面。U 形箍的宽度，对端箍不应小于加固钢板宽度的 2/3，且不应小于 80mm；对中间箍不应小于加固钢板宽度的 1/2，且不应小于 40mm。U 形箍的厚度不应小于受弯加固钢板厚度的 1/2，且不应小于 4mm。U 形箍的上端应设置纵向钢压条；压条下面的空隙应加胶粘钢垫块填平。

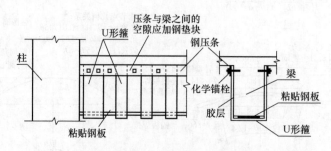

图 3-19 梁粘贴钢板端部锚固措施

（2）对板，应在延伸长度范围内通长设置垂直于受力钢板方向的钢压条。钢压条应在延伸长度范围内均匀布置，且应在延伸长度的端部设置一道。压条的宽度不应小于受弯加固钢板宽度的 3/5，钢压条的厚度不应小于受弯加固钢板厚度的 1/2。

4）当采用钢板对受弯构件负弯矩区进行正截面承载力加固时，应采取下列构造措施：

（1）支座处无障碍时，钢板应在负弯矩包络图范围内连续粘贴。

（2）支座处虽有障碍，但梁上有现浇板时，允许绕过柱位，在梁侧 4 倍板厚（$4h_b$）范围内，将钢板粘贴于板面上。

5）当加固的受弯构件需粘贴不止一层钢板时，相邻两层钢板的截断位置应错开不小于 300mm，并应在截断处加 U 形箍（对梁）或横向压条（对板）进行锚固。

6）当采用粘贴钢板箍对钢筋混凝土梁或大偏心受压构件的斜截面承载力进行加固时，其构造应符合下列规定：

（1）宜选用封闭箍或加锚的 U 形箍；若仅按构造需要设箍，也可采用一般 U 形箍。

（2）受力方向应与构件轴向垂直。

（3）封闭箍及 U 形箍的净间距 $S_{sp,n}$ 不应大于现行国家标准《混凝土结构设计规范》（GB 50010—2010）规定的最大箍筋间距的 0.7 倍，且不应大于梁高的 0.25 倍。

（4）箍板的粘贴高度应为梁的截面高度；若梁有翼缘（或右现浇楼板），应伸至其底面。一般 U 形箍的上端应粘贴纵向钢压条予以锚固。钢压条下面的空隙应加胶粘钢垫板填平。

（5）当梁的截面高度（或腹板高度）h $\geq$ 600mm 时，应在梁的腰部增设一道纵向腰间钢压条（图 3-20）。

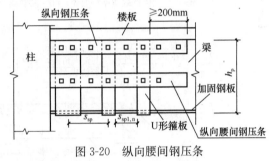

图 3-20　纵向腰间钢压条

二、梁粘贴钢板加固

粘贴钢板加固贴是用特制结构胶将钢板粘贴于梁的上下受力表面，用以补充梁的配筋量不足，达到提高梁截面承载力的目的。

与外包型钢加固相比，粘钢法较适合于梁的正截面受弯加固，尤其是简支梁。斜截面受剪粘钢加固，因构造上较难处理，受力也不够理想，较少采用。一般推荐碳纤维斜截面受剪加固法，而正截面受弯加固采用粘钢法，两者合用后简称复合加固法或综合法。图 3-21 和图 3-22 分别为简支梁和框架梁正截面粘钢加固。

粘钢法受力钢板规格应由计算确定，钢板厚度应与梁基材混凝土强度相应，其最佳适配关系详见表 4-13 规定。粘钢法所用结构胶质量应可靠，性能指标应符合规定。从目前有机胶的动力疲劳和长期耐久性考虑，对粘钢法中主要受力钢板，采用锚栓进行附加锚固；锚栓规格为 $d10 \sim d12$，间距取 $S_{cr,N} \sim 2S_{cr,N}$，$S_{cr,N}$ 为锚栓临界间距，$S_{cr,N} = 3h_{er}$ 关键部位应粗而密。

框架梁上下受弯纵向钢板，最大应力点在节点和边端部，因此，钢板端部应有可靠锚固。对于梁顶钢板，为避免柱子阻断，一般是齐柱边通长布置在梁有效翼缘内。边跨尽端，应弯折向下贴于边梁外侧，并以 $d12$ 锚栓进行附加锚固和收头，或现场配焊 L200×125×12 短角钢，再以 $d12$ 锚栓锚于边梁外侧；当尽端边梁顶为混凝土墙或砖墙时，以高强螺栓穿

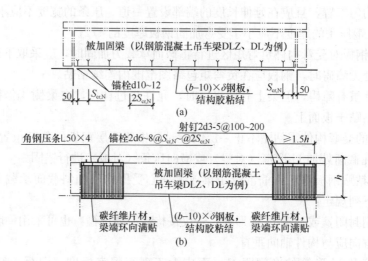

图 3-21　简支梁正截面粘钢加固（综合法加固）

（a）简支梁正截面粘钢加固；（b）简支梁综合加固（受弯、受剪承载力均不足时）

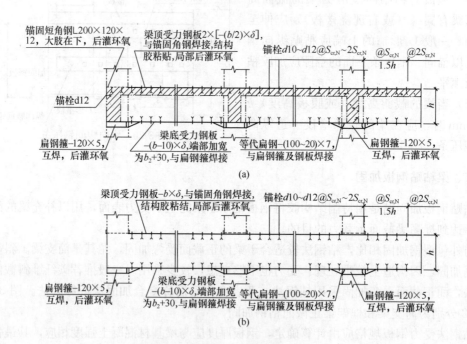

图 3-22　框架梁正截面粘钢加固

（a）中框架梁正截面粘钢加固（正立面）；（b）边框架梁正截面粘钢加固（正立面）

墙锚固。对于梁底钢板，一般是采用封闭式扁钢箍锚固于柱，扁钢箍规格为－120×5；由于柱子一般比梁宽，为便于连接和传力，钢板端部应相应加宽，并通过扁钢将钢板所受拉力直接传给受力方向的箍板。因框架梁受力钢板锚固连接中存在大量的焊接，而这种焊接绝大部分属现场配焊，为避免高温对胶的不利影响，此部分钢板不宜采用预粘工艺，应采用后灌工艺。

三、墙粘贴钢板加固

当墙体仅因配筋不足时，可采用外粘钢板法加固，包括墙端暗柱加固，如图 3-23 所示。仅抗剪承载力不足时，可只设水平横向扁钢；仅抗弯承载力不足时，可只设垂直竖向扁钢；否则，横向、竖向均应设置扁钢。

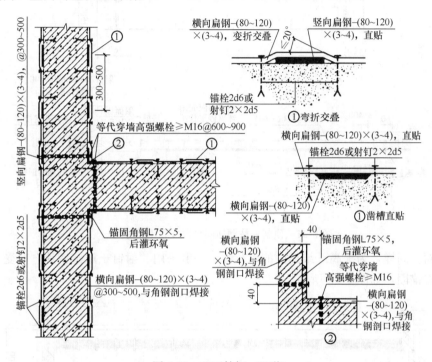

图 3-23　双面粘钢（T 形）

扁钢规格及分布应由计算确定，一般取一（80～120）×（3～4）@（300～500）外层扁钢应采用锚栓或射钉固定于墙面，锚栓规格为 $2d6$，射钉规格为 $2d5$，间距与底层扁钢相应@（300～500）。

扁钢端部应有可靠锚固，一般可采用化学植筋方法锚固于邻接的边缘构件或于墙四周设封闭角钢框方法，然后再将扁钢与之焊接。

纵横扁钢交叠处理，一般是采用缓坡（$\alpha \leqslant 20°$）弯折交叠，即竖向扁钢在里直贴在墙面，横向扁钢在外弯折交叠贴在墙面。亦可采用凿槽布置竖向扁钢，横向扁钢在外直贴。

纵横扁钢与墙面的结合，主要部分可采用结构胶粘贴，但在焊接部位，如端部应先焊接，然后局部后灌环氧粘结。

四、预制板粘贴钢板加固

预制板粘贴钢板加固是将所需扁钢粘贴于板底受拉面，对于肋形板，如预应力大型屋面板（YWB），应布置在主肋底面，宜将相邻肋两块扁钢合二为一，先以环氧砂浆找平，然后骑缝粘贴。为提高粘钢加固的耐久性，受力扁钢宜采用 $2d3 \sim d5@400/800$ 射钉进行附加锚固，如图 3-24 所示。

纤维复合材料加固预制板：是将所需碳纤维、玻璃纤维等纤维复合布顺板跨方向粘贴于

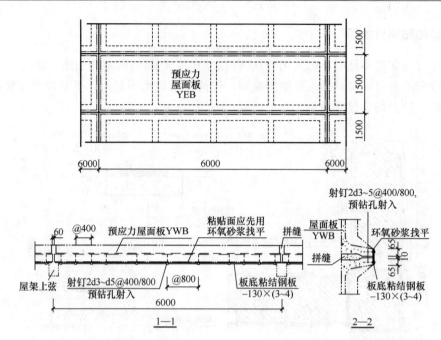

图 3-24　预制板粘钢加固（以 YWB 板为例）

板底受拉面。同样，为提高纤维加固的耐久性，一般采用"射钉＋压结钢片"对受力纤维片进行了附加锚固，如图 3-25 所示。

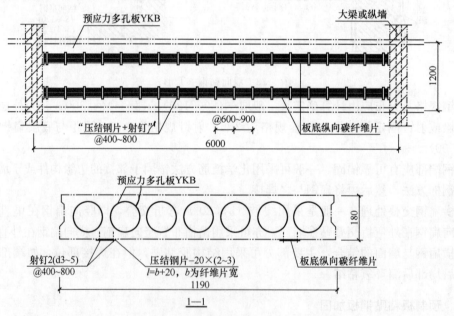

图 3-25　预制板碳纤维加固（以 YKB 板为例，仰视）

五、现浇楼板粘贴钢板加固

现浇楼板粘贴钢板加固一般采用定型扁钢，用结构胶粘贴。扁钢规格一般为－（100～200）×（3～4），间距@600～900。由于宽度、厚度和间距均可调整，扁钢布置基本上可以做到等强布置。

为提高粘钢加固耐久性，全部扁钢均采用射钉进行附加锚固。射钉规格为 $2\times2d3\sim d5$ @$600\sim900$，设于纵横扁钢交汇处的外层扁钢；单层扁钢为 $2d3\sim d5$@$600\sim900$。纵横扁钢正交重叠时，有两种粘贴方法：一般是将外层后贴扁钢弯折贴于板表面和底层扁钢表面，弯折角度应大于等于 $20°$。其局部孔隙用结构胶填满；另一种是底层扁钢凿槽粘贴，扁钢面与板面齐平，外层扁钢可平顺粘贴，如图 3-26 和图 3-27 所示。边梁处板面负弯矩扁钢的锚固

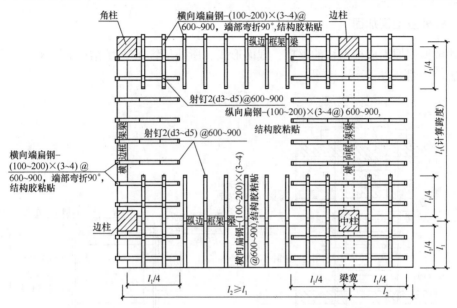

图 3-26　粘钢加固（板面扁钢布置）

注：当板短跨方向相邻跨计算跨度不等时，l_1 取两者中较大值。

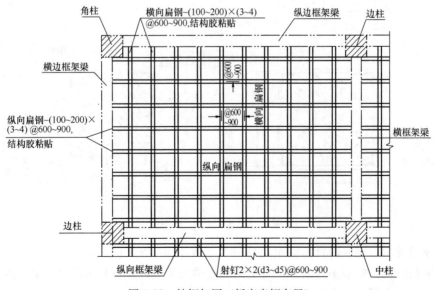

图 3-27　粘钢加固（板底扁钢布置）

有两种方法：当无外墙或为轻质外墙时，扁钢应穿墙，端部可弯折 90°后直接粘贴于边梁外侧，并以 $2d5$ 射钉锚固收头；当有混凝土外墙时，应采用"高强螺栓＋锚固角钢"锚固，其做法同增大截面法。

第四节 外包型钢加固构造

一、柱外包型钢加固

柱外包型钢加固应根据柱的类型、截面形式、所处位置及受力情况等的不同，采用相应构造方法，如图 3-28 所示。

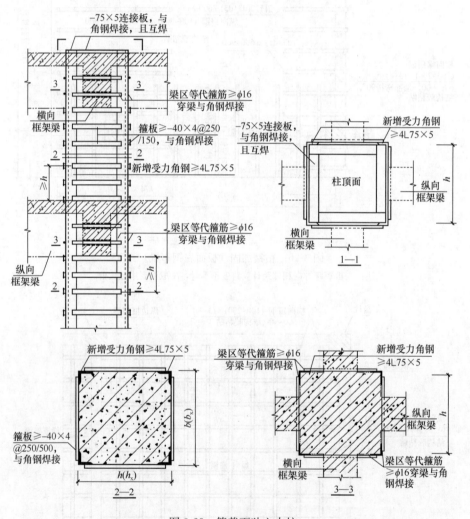

图 3-28 等截面独立中柱

柱的纵向受力角钢应由计算确定，且应大于等于 L75×5。柱纵向受力角钢在加固楼层范围内应通长设置，中间不得断开；对于梁柱齐边的节点区及壁柱情况，角钢可改换成等代扁钢。纵向角钢上下两端应有可靠锚固。角钢下端可在基础顶面设置现浇钢筋混凝土围套锚固，围套高度应大于等于700mm，围套厚度应大于等于200mm；对于原基础埋深较浅或柱根弯矩较大时，应同时采用植筋技术将角钢焊接锚固于基础。角钢上端应伸过加固层梁顶，并以连接板互焊。箍板，亦称缀板，应力求封闭，规格应$\geqslant -40\times 4$，间距$@\leqslant 500mm$，节点区加密为$@\leqslant 250mm$；节点区中的梁区箍板按$nA_{sv}f_{yv}/s$换算为等代箍筋，以便穿梁与角钢焊接；对于扁钢情况，应改用螺杆穿过拧紧。

外包角钢、扁钢及箍板与柱贴合面间，应压力灌注环氧粘结，使之结为一体；当工作量较小时，亦可采用乳胶水泥粘贴。

当有防腐防火要求时，外包钢件表面应按相关标准进行防护处理。一般可抹一层厚15～25mm的防护砂浆；为便于粉刷，型钢表面应外包一层20号10×10钢丝网或用胶点粘一层细石。

二、梁外包型钢加固

梁外包钢加固是一种既简便又可靠的加固方法，特点是截面尺寸影响较小，承载力可大幅度提高。

梁截面承载力不足需加固分为三种情况：正截面受弯承载力不足；斜截面受剪承载力不足；受弯受剪承载力均不足。正截面受弯承载力不足时，对于跨中正弯矩，一般是采用角钢外包于梁底两角；对于T形截面连续梁梁顶负弯区，一般是采用双扁钢外包。单纯斜截面受剪承载力不足时，一般是采用"缀板＋螺杆"进行加固；为形成封闭箍，构造上尚应辅之以短角钢（长度与缀板宽度相等）和垫板（兼缀板）。图3-29为框架梁外包钢加固示意。

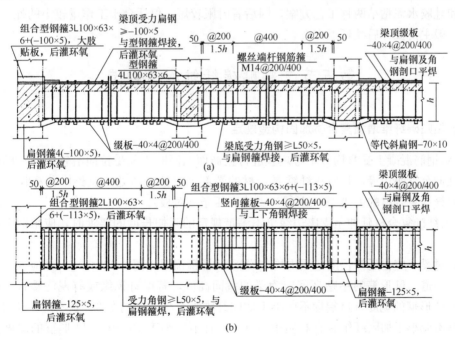

图3-29　框架梁外包钢加固
（a）中框架梁外包钢加固受弯、受剪承载力均不足时；
（b）边框架梁外包钢加固受弯、受剪承载力不足时

外包钢规格应由计算确定，其最小尺寸：受力角钢为 L50×5，受力扁钢为－100×5，缀板为－40×4，间距应为角钢截面回转半径 r，一般加密区取@200，非加密区取@400，螺杆为 M14@200/400；对于重型吊车梁，角钢应为 L75×5，扁钢为－150×5，可利用原有轨道螺栓孔设置竖向箍板，间距不变，为 600，箍板规格，端部取－200×5，中部取－80×5，其间根据剪力包络图渐变。T 形梁斜截面加固，为减少竖向箍穿翼缘钻孔，可采用大直径高强螺栓（如大于等于 M16，8.8 级～12.9 级），间距可以加大到@400～600，但注意高强螺栓不宜焊接，应采用辅助短角钢连接。

框架梁纵向外包受力角钢及扁钢端部必须有可靠的锚固，一般有组合型钢箍、穿孔高强螺栓和化学植筋等几种锚固方式。型钢箍分别设于梁上下面柱根，中柱上表面为 4L100×63×6（称为型钢箍），边柱为 3L100×63×6＋（－100×5）（称为组合型钢箍）；下表面为 4×

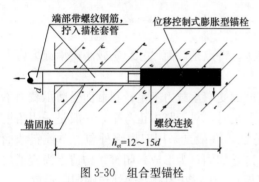

端部带螺纹钢筋，拧入描栓套管

位移控制式膨胀型锚栓

锚固胶

螺纹连接

$h_{ef}=12\sim15d$

图 3-30　组合型锚栓

（－100×5）（称为扁钢箍）。穿孔高强螺栓为大于等于 2M16，8.3 级～12.9 级，应用水钻成孔。化学植筋因锚固深度 $h_{ef}=21\sim29d$ 较大，且有最小边距 $C_{min}=5d$ 等限制，一般较少采用；国内外有采用"化学植筋＋膨胀锚栓"的双重锚固方式，如图 3-30 所示，锚固深度 $h_{ef}>12d$，可避免基材破坏，满足钢筋拉断延性破坏要求。

外包型钢与梁基材混凝土的结合有后灌环氧树脂和乳胶水泥粘结两种工艺方案，因后者时限较短，仅适合于工作量较小的外包钢加固工程，一般主要推荐后灌环氧方案。

第五节　粘贴碳纤维加固构造

一、粘贴碳纤维增强复合材加固构造规定

1）对钢筋混凝土受弯构件正弯矩区进行正截面加固时，其受拉面沿轴向粘贴的纤维复合材应延伸至支座边缘，且应在纤维复合材的端部（包括截断处）及集中荷载作用点的两侧，设置纤维复合材的 U 形箍（对梁）或横向压条（对板）。

2）当纤维复合材延伸至支座边缘仍不满足规定的延伸长度的要求时，应采取下列锚固措施：

（1）对梁，应在延伸长度范围内均匀设置 U 形箍锚固［图 3-31（a）］，并应在延伸长度端部设置一道。U 形箍的粘贴高度应为梁的截面高度，若梁有翼缘或有现浇楼板，应伸至其底面。U 形箍的宽度，对端箍不应小于加固纤维复合材宽度的 2/3，且不应小于 200mm；对中间箍不应小于加固纤维复合材宽度的 1/2，且不应小于 100mm。U 形箍的厚度不应小于受弯加固纤维复合材厚度的 1/2。

（2）对板，应在延伸长度范围内通长设置垂直于受力纤维方向的压条［图 3-31（b）］。压条应在延伸长度范围内均匀布置。压条的宽度不应小于受弯加固纤维复合材条带宽度的 3/5，压条的厚度不应小于受弯加固纤维复合材厚度的 1/2。

3）当采用纤维复合材对受弯构件负弯矩区进行正截面承载力加固时，应采取下列构造措施：

（1）支座处无障碍时，纤维复合材应在负弯矩包络图范围内连续粘贴；其延伸长度的截断应位于正弯矩区，且距正弯矩转换点不应小于 1m。

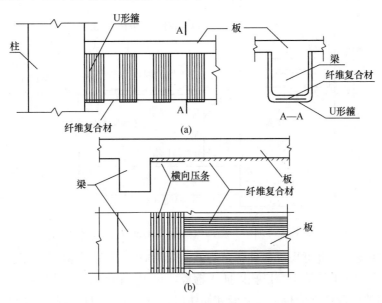

图 3-31 梁、板粘贴纤维复合材端部锚固措施

（a）U 形箍（未画压条）；（b）横向压条

（2）支座处虽有障碍，但梁上有现浇板，且允许绕过柱位时，应在梁侧 4 倍板厚（h_b）范围内，将纤维复合材粘贴于板面上（图 3-32）。

（3）在框架顶层梁柱的端节点处，纤维复合材只能贴至柱边缘而无法延伸时，应加贴 L 形钢板及 U 形钢箍板进行锚固（图 3-33）。

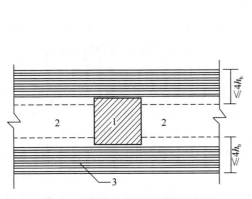

图 3-32 绕过柱位粘贴纤维复合材

1—柱；2—梁；3—板顶面粘贴的纤维复合材

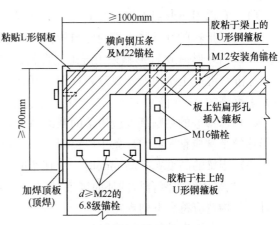

图 3-33 柱顶加贴 L 形钢板及 U 形钢箍板的锚固构造示例

L 形钢板总宽度不应小于 90％的梁宽，且应由多条钢板组成，钢板厚度不应小于 3mm。

④ 当梁上无现浇板，或负弯矩区的支座处需采取加强的锚固措施时，可采取图 3-34 的构造方式。但柱中箍板的锚栓等级、直径及数量应经计算确定。

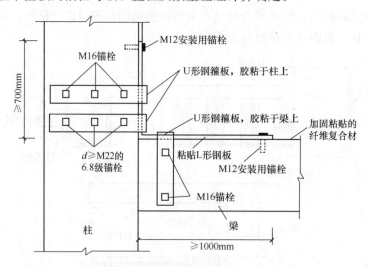

图 3-35　柱中部加贴 L 形钢板及 U 形钢箍板的锚固构造示例

若梁上有现浇板，也可采取这种构造方式进行锚固，其 U 形钢箍板穿过楼板处，应采用半重叠钻孔法，在板上钻出扁形孔以插入箍板，再用结构胶予以封固。

4）当加固的受弯构件为板、壳、墙和筒体时，纤维复合材应选择多条密布的方式进行粘贴，不得使用未经裁剪成条的整幅织物满贴。

5）当受弯构件粘贴的多层纤维织物允许截断时，相邻两层纤维织物应按内短处长的原则分层截断；外层纤维织物的截断点应越过内层截断点 200mm 以上，并应在截断点加设 U 形箍。

6）当采用纤维复合材对钢筋混凝土梁或柱的斜截面承载力进行加固时，其构造应符合下列规定：

（1）宜选用环形箍或加锚的 U 形箍；仅按构造需要设箍时，也可采用一般 U 形箍。

（2）U 形箍的纤维受力方向应与构件轴向垂直。

（3）当环形箍或 U 形箍采用纤维复合材条带时，其净间距 $S_{f,n}$（图 5-28）不应大于现行国家标准《混凝土结构设计规范》（GB 50010—2010）规定的最大箍筋间距的 0.7 倍，且不应大于梁高的 0.25 倍。

（4）U 形箍的粘贴高度应为梁的截面高度，若梁有翼缘或右现浇楼板，应伸至其底面；U 形箍的上端应粘贴纵向压条予以锚固。

（5）当梁的高度 $h \geqslant 600$mm 时，应在梁的腰部增设一道纵向腰压带（图 3-36）。

7）当采用纤维复合材的环向围束对钢筋混凝土柱进行正截面加固或提高延性的抗震加固时，其构造应符合下列规定：

（1）环向围束的纤维织物层数，对圆形截面柱不应少于 2 层，对正方形和矩形截面柱不应少于 3 层。

（2）环向围束上下层间的搭接宽度不应小于 50mm，纤维织物环向截断点的延伸长度不应小于 200mm，且各条带搭接位置应相互错开。

8）当沿柱轴向粘贴纤维复合材对大偏心受压柱进行正截面承载力加固时，除应按受弯构件正截面和斜截面加固构造的原则粘贴纤维复合材外，尚应在柱的两端增设机械锚固措施。

9）当采用环形箍、U形箍或环向围束加固正方形和矩形截面构件时，其截面棱角应在粘贴前通过打磨加以圆化（图3-37）；梁的圆化半径 r，对碳纤维不应小于20mm，对玻璃纤维不应小于15mm；柱的圆化半径，对碳纤维不应小于25mm，对玻璃纤维不应小于20mm。

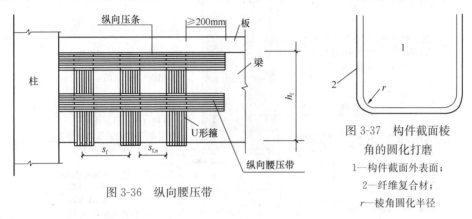

图3-36　纵向腰压带

图 3-37　构件截面棱角的圆化打磨

1—构件截面外表面；
2—纤维复合材；
r—棱角圆化半径

二、粘贴碳纤维复合材料及绕丝法加固柱

粘贴碳纤维复合材料及绕丝法加固柱可用于柱正截面受弯加固、斜截面受剪加固以及提高柱的延性加固，如图 3-38～图 3-41 所示。

提高正截面受弯承载力加固，纤维片材是沿柱轴线方向顺贴于柱的受拉表面；斜截面受剪加固及提高柱延性加固，纤维片材是以环形箍形式垂直于柱轴线方向间隔地或连续地绕贴于柱周表面；柱截面受压承载力加固，纤维片材是沿柱全长垂直于柱轴线方向无间隔地环向连续绕贴于柱周表面，而且仅适用于圆形柱、方形柱，以及截面高度比 $h/b \leqslant 1.5$ 的矩形柱；方形、矩形柱应进行圆角处理，圆角半径 r，对于碳纤维不应小于25mm，对于玻璃纤维不应小于20mm。目的在于提高柱抗压强度和延性时，环向围束的纤维织物层数，圆形柱应大于等于2层，方形柱和矩形柱应大于等于3层；连续环向围束上下层之间的搭接宽度应大于等于50mm，环向断点的延伸搭接长度应大于等于200mm，且位置应错开。

钢丝缠绕加固柱是垂直于柱轴线连续将钢丝缠绕于柱周表面，主要在于提高柱混凝土的抗压强度、柱斜截面抗剪强度和柱的变形能力（延性），亦仅适用于圆形柱、方形柱，以及 $h/b \leqslant 1.5$ 的矩形柱；方形、矩形柱应进行圆角处理，圆角半径 r，不应小于30mm。

三、粘贴碳纤维复合材料加固梁

粘贴碳纤维复合材料加固梁（简称纤维法），是用特制的结构胶将碳纤维、S或E玻璃纤维等复合纤维片材粘贴于梁的受力表面，用以补充梁的配筋量不足，达到提高梁的正截面受弯承载力和斜截面受剪承载力的目的，是曲面梁加固的最佳方法。正截面受弯加固，纤维片受力丝应沿纵向贴于梁的上下受拉面，如图3-42所示。斜截面受剪加固，受力丝应沿横向环绕贴于梁四周的表面，如图3-43所示。

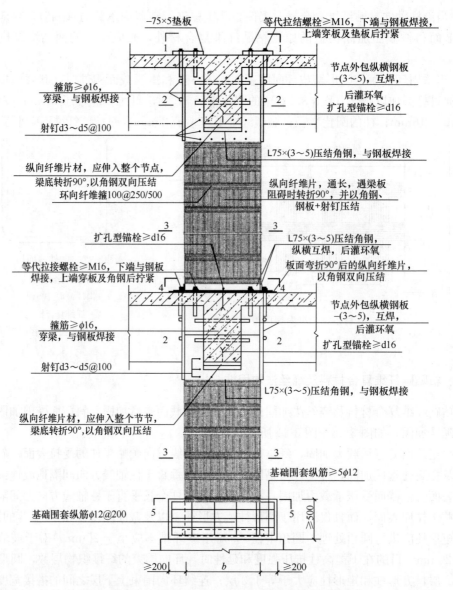

图 3-38　独立框架柱纤维片材受弯受剪加固

注：剖面 1—1、2—2、3—3、4—4、5—5 如图 3-39 所示。

纤维复合材料加固受力纤维片规格，包括面积质量、宽度、层数、弹模及强度等，应由计算确定，常用碳纤维面积质量为 $200 \sim 300 \mathrm{g/m^2}$，玻璃纤维面积质量为 $300 \sim 450 \mathrm{g/m^2}$，宽度与梁宽相应，层数 $1 \sim 3$ 层，设计中应尽量采用少层、高弹模，忌多层、低弹模。

从目前纤维复合材料加固所用结构胶的长期耐久性考虑，本书对主要受力纤维片采用了"射钉＋压结钢片"附加锚固措施。射钉规格一般为 $d = 3 \sim 5 \mathrm{mm}$，间距为 @100～200；射钉施射，除小直径、薄钢片及低强混凝土可采用直接射入外，对于粗钉、厚钢件及高强混凝土，一般宜预先对钢件钻孔，对基材混凝土预钻较小较短的孔，然后将钢钉射入。

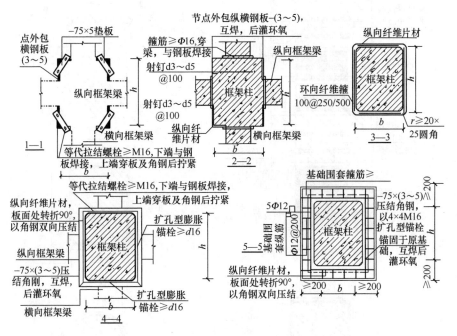

图 3-39　独立框架柱纤维片材受弯受剪加固详图

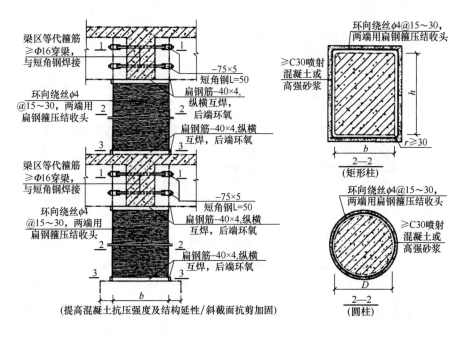

图 3-40　独立框架柱绕丝加固

注：剖面 1—1、3—3 如图 3-41 所示。

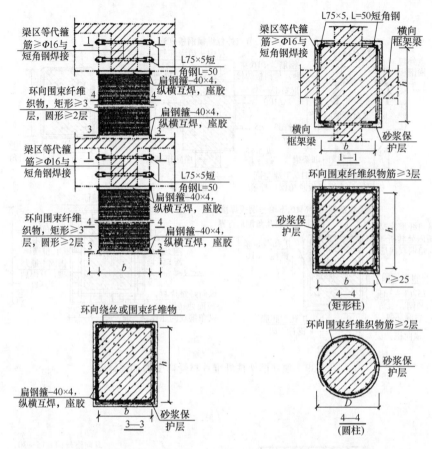

图 3-41 独立框架柱纤维织物环向周围束加固（提高柱抗压承载力）

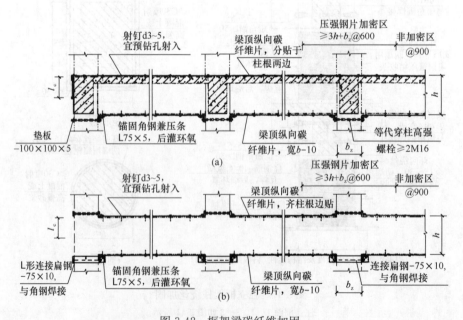

图 3-42 框架梁碳纤维加固

（a）中框架梁正截面碳纤维加固；（b）边框架梁正截面碳纤维加固

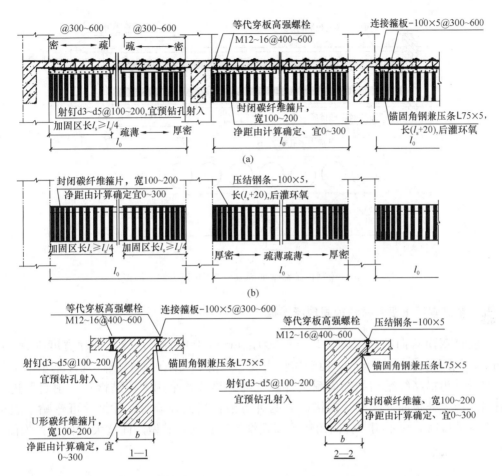

图 3-43 框架梁斜截面碳纤维加固

（a）中框架梁斜截面碳纤维加固；（b）边框架梁斜截面碳纤维加固

连续梁及框架梁在节点部位弯矩最大，纵向受力纤维的锚固处理是关键。对于梁顶纵向纤维片，当无障碍时，一般是通长直接贴于梁顶面；当有障碍时，可齐柱根分两条贴在梁的有效翼缘之内。纤维片在梁端应向下弯折贴于端边梁侧面，其延伸长度应大于等于 l_c［l_c 按《混凝土结构加固设计规范》（GB 50367—2006）计算确定］，转折处以角钢压条压结，尽端以薄钢片压结。梁底纵向纤维片在柱处可采用"锚固角钢＋穿孔高强螺栓"锚固传力，即纵纤维片到柱处应弯折贴于柱，用 L75×5 短角钢满压，以等代高强螺栓穿柱对拉，锚固角钢与纤维片间后灌环氧树脂使之结为一体。

斜截面受剪环向纤维箍应闭合，对于矩形截面梁一般不成问题。对于 T 形、Γ 形截面梁，可采用"穿板高强螺栓＋连接箍板＋压结角钢"使之形成受力环路。

四、粘贴碳纤维复合材料加固预制板

它是将所需碳纤维、玻璃纤维等纤维复合布顺板跨方向粘贴于板底受拉面。同样，为提高纤维加固的耐久性，一般采用"射钉＋压结钢片"对受力纤维片进行了附加锚固，如图3-44 所示。

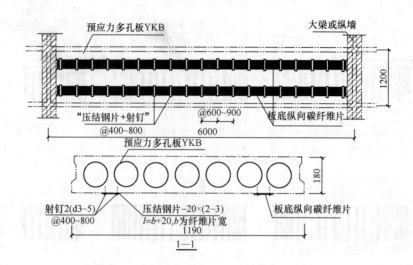

图 3-44　预制板碳纤维加固（以 YKB 板为例，仰视）

五、粘贴碳纤维复合材料加固现浇楼板

一般是双面双向粘贴。以（200～300）g/m^2 纤维布为例，碳纤维片宽度 $b_c = 150 \sim 300mm$，间距@600～900mm。由于质量密度、宽度和间距可调，碳纤维片基本上可做到等强布置。为提高纤维粘结加固耐久性，全部纤维片均采用"压结钢片＋射钉"进行附加锚固。边梁处板面端纤维片的锚固有两种方法：当无外墙时，纤维片可弯贴于边梁外侧；当有外墙时，应采用"锚固角钢＋高强螺栓"锚固，其做法同增大截面法，如图3-45所示。

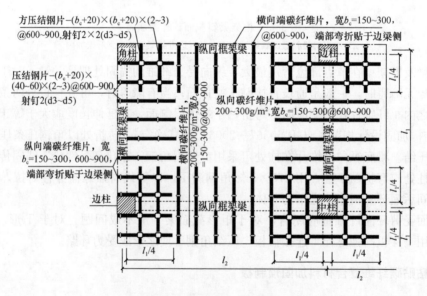

图 3-45　复合纤维加固（板面纤维布置）
b 为碳纤维片宽；当板短跨方向相邻跨计算跨度不等时，b 取二者中较大值。

第六节 增设支点加固构造

一、增设支点加固法的构造规定

1. 采用增设支点加固法新增的支柱、支撑，其上端应与被加固的梁可靠连接：

（1）湿式连接

当采用钢筋混凝土支柱、支撑为支承结构时，可采用钢筋混凝土套箍湿式连接（图3-46）；被连接部位梁的混凝土保护层应全部凿掉，露出箍筋；起连接作用的钢筋箍可做成Ⅱ形；也可做成厂形，但应卡住整个梁截面，并与支柱或支撑中的受力筋焊接。钢筋箍的直径应由计算确定，且不应少于2根直径为12mm的钢筋。节点处后浇混凝土的强度等级，不应低于C25。

（2）干式连接

当采用型钢支柱、支撑为支承结构时，可采用型钢套箍干式连接（图3-46b）。

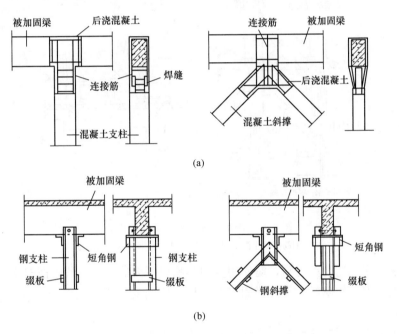

(a)

(b)

图3-46 支柱、支撑上端与原结构的连接构造
(a) 钢筋混凝土套箍湿式连接；(b) 型钢套箍干式连接

2. 增设支点加固法新增的支柱、支撑，其下端连接，若直接支承于基础，可按一般地基基础构造进行处理；若斜撑底部以梁、柱为支承时，可采用以下构造：

（1）对钢筋混凝土支撑可采用湿式钢筋混凝土围套连接［图3-47（a）］。对受拉支撑，其受拉主筋应绕过上、下梁（柱），并采用焊接。

（2）对钢支撑，可采用型钢套箍干式连接［图3-47（b）］。

二、增设支点法加固梁

增设支点法加固梁，分刚性支点与弹性支点、预加支承力与非预加支承力等情况。刚性

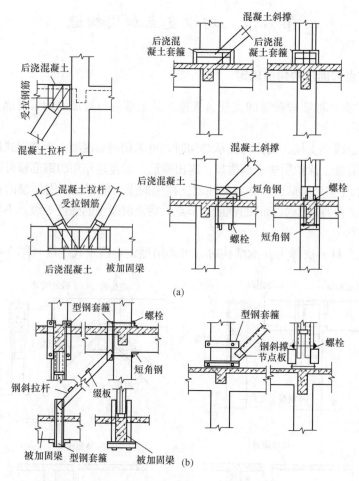

图 3-47 斜撑底部与梁柱的连接构造

（a）钢筋混凝土围套湿式连接；（b）型钢套箍干式连接

支点预加支承力应优选简单可靠，对使用空间影响也不大的方案，若以框架梁为例，可采用组合钢管或无缝钢管作支撑，支撑锚固于框架柱，斜向支顶于框架梁跨中或三分点处梁底，如图 3-48 所示。

钢支撑按轴心受压杆件计算，长细比 l_0/i 不应大于 150。对于框架柱应验算钢支撑附加水平力的不利影响。预加支承力以打入钢板楔办法产生较为简单，大小以梁顶不出现裂缝为宜。

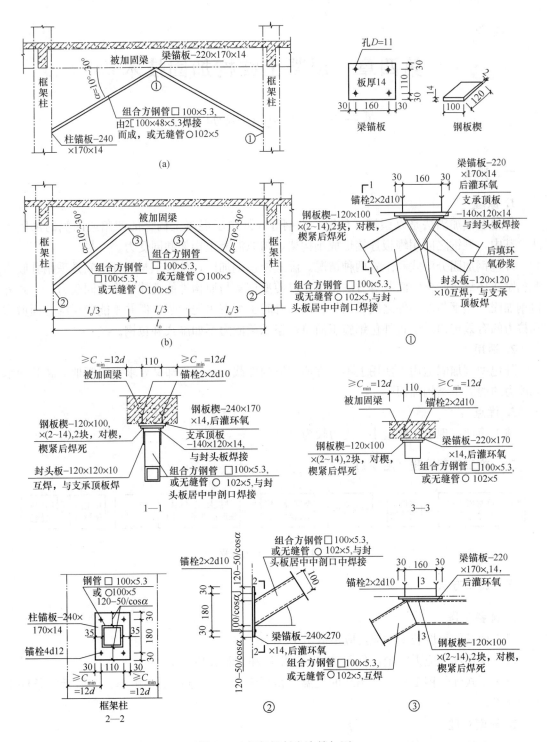

图 3-48　框架梁斜向支撑加固

（a）框架梁斜向支撑加固，支点设于跨中；（b）框架梁斜向支撑加固，支点设于三分点处

第四章 混凝土结构加固技术

第一节 外包型钢加固法

一、概述

1. 原理

外包型钢加固法是以型钢（角钢、扁钢等）外包于混凝土构件的四角或两侧的加固方法。其中，型钢之间用缀板连接形成钢构架，与原混凝土构架共同受力。

外包钢加固分湿式和干式两种情况。湿式外包钢加固，外包钢与构件之间是采用乳胶水泥粘贴或环氧树脂化学灌浆等方法粘结，以使型钢架与原构件能整体工作共同受力；干式外包钢加固，型钢与原构件之间无任何粘结，有时虽填有水泥砂浆，但并不能确保结合面剪力和拉力的有效传递。干式外包钢施工简单，但承载能力不如湿式外包钢。

2. 适用

外包型钢加固适用于使用上不允许增大原构件截面尺寸，却又要求大幅度地提高截面承载能力的混凝土结构加固。

3. 优点

施工简便，现场工作量小，受力较为可靠。

二、施工工艺流程（图4-1）

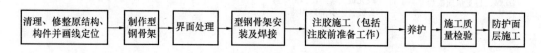

图4-1 施工工艺流程

三、施工方法

1. 准备工作

（1）现场的温度若未做规定应不低于15℃。

（2）操作场地应无粉尘，且不受日晒、雨淋和化学介质污染。

（3）干式外包钢工程施工场地的气温不得低于10℃，且严禁在雨季、大风天气条件下进行施工。

2. 界面处理

（1）外粘型钢的构件，其原混凝土界面（粘合面）应打毛，不应断成沟槽。

（2）钢骨架及钢套箍与混凝土的粘合面经修整除去锈皮及氧化膜后，还应进行糙化处理。糙化可采用砂轮打磨、喷砂或高压水射流等技术，但糙化程度应以喷砂效果为准。

（3）干式外包钢的构件，其混凝土表面应清理洁净，打磨平整，以能安装角钢肢为度。

若钢材表面的锈皮、氧化膜对涂装有影响，也应予以除净。

（4）原构件混凝土截面的棱角应进行圆化打磨，圆化半径应不小于 20mm，磨圆的混凝土表面应无松动的骨料和粉尘。

（5）外粘型钢时，其原构件混凝土表面的含水率不宜大于 4％，且不应大于 6％。若混凝土表面含水率降不到 6％，应改用专用的结构胶进行粘合。

3. 型钢骨架制作

（1）钢骨架及钢套箍的部件应符合设计图纸要求。

（2）钢部件的加工、制作质量及其连接件的制作和试安装应符合现行国家标准《钢结构工程施工质量验收规范》（GB 50205—2001）的规定。

4. 型钢骨架安装及焊接

（1）钢骨架各肢的安装，应采用专门卡具以及钢楔、垫片等箍牢、顶紧；对外粘型钢骨架的安装，应在原构件找平的表面上，每隔一定距离粘贴小垫片，使钢骨架与原构件之间留有 2～3mm 的缝隙，以备压注胶液；对干式外包钢骨架的安装，该缝隙宜为 4～5mm，以备填塞环氧胶泥或压入注浆料。

（2）型钢骨架各肢安装后，应与缀板、箍板以及其他连接件等进行焊接。焊缝应平直，焊波应均匀，无虚焊、漏焊；

（3）外粘或外包型钢骨架全部杆件（含缀板、箍板等连接件）的缝隙边缘，应在注胶（或注浆）前用密封胶封缝。封缝时，应保持杆件与原构件混凝土之间注胶（或注浆）通道的畅通。同时，还应在设计规定的注胶（或注浆）位置钻孔，粘贴注胶嘴（或注浆嘴）底座，并在适当部位布置排气孔。待封缝胶固化后，进行通气试压。若发现有漏气处，应重新封堵。

5. 注胶（或注浆）施工

（1）灌注用结构胶粘剂应经试配，并测定其初黏度；对结构复杂工程和夏期施工工程还应测定其适用期（或操作时间）。使用黏度超出规范及产品使用说明书规定的上限，应查明其原因；属于胶粘剂质量问题的，应予以更换，不得勉强使用。

（2）对加压注胶（或注浆）全过程应进行实时控制。压力应保持稳定，且应始终处于设计规定的区间内。当排气孔冒出浆液时，应停止加压，并以环氧胶泥堵孔。然后再以较低压力维持 10min，方可停止注胶（或注浆）。

（3）注胶（或注浆）施工结束后，应静置 72h 进行固化过程的养护。养护期间，被加固部位不得受到任何撞击和振动的影响。

四、施工质量检验

（1）应在按压条件下，静置养护 7d，到期时进行胶粘强度现场检验与合格评定。

（2）注胶饱满度探测其空鼓率不大于 5％。

（3）干式外包钢的注浆饱满度探测其空鼓率不大于 10％。

第二节　粘贴钢板加固法

一、概述

1. 原理

粘贴钢板加固法（或粘钢法）是指用胶粘剂把薄钢板粘贴在混凝土构件表面，使薄钢板与混凝土整体协同工作的一种加固方法。

2. 适用

主要应用于承受静载的受弯构件、受拉构件和大偏心受压构件；对于承受动载的结构构件，如吊车梁等，尚缺乏全面、充分的疲劳性能试验资料，应慎重采用。

3. 优点

粘贴的钢板厚度一般为 2～6mm，结构胶厚度 1～3mm，这是加固所增加的全部厚度，相对于构件的截面尺寸是很薄的，所以该加固法几乎不增加构件的截面尺寸，基本上不影响构件的外观。另外，粘贴钢板加固法施工速度快，从清理、修补加固构件表面，将钢板粘贴于构件上，到加压固化，仅需 1～2d 时间，比其他加固方法大大节省施工时间。粘贴钢板加固法所需钢材，可按计算的需要量粘贴于加固部位，并和原构件整体协同工作，因此钢材的利用率高、用量少，但却能大幅度提高构件的抗裂性、抑制裂缝的发展，提高承载力。

二、施工工艺流程（图 4-2）

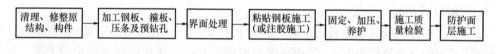

图 4-2　施工工艺流程

三、施工方法

1. 施工准备工作

1）当采用压力注胶法粘钢时，应采用锚栓固定钢板，固定时，应加设钢垫片，使钢板与原构件表面之间留有约 2mm 的贯通缝隙，以备压注胶液。

2）固定钢板的锚栓，应采用化学锚栓，不得采用膨胀锚栓。锚栓直径不应大于 M10；锚栓埋深可取为 60mm；锚栓边距和间距应分别不小于 60mm 和 250mm。锚栓仅用于施工过程中固定钢板。在任何情况下，均不得考虑锚栓参与胶层的受力。

3）外粘钢板的施工环境应符合下列要求：

（1）现场的环境温度应符合胶粘剂产品使用说明书的规定；若未作具体规定，应按不低于 15℃进行控制。

（2）作业场地应无粉尘，且不受日晒、雨淋和化学介质污染。

2. 界面处理

（1）外粘钢板部位的混凝土，其表层含水率不宜大于 4%，且不应大于 6%。对含水率超限的混凝土梁、柱、墙等，应改用高潮湿面专用的胶粘剂。

（2）钢板粘贴前，应用工业丙酮擦拭钢板和混凝土的粘合面各一道。

3. 钢板粘贴施工

（1）拌合胶粘剂时，应采用低速搅拌机充分搅拌。拌好的胶液色泽应均匀，无气泡，并应采取措施防止水、油、灰尘等杂质混入。

严禁在室外和尘土飞扬的室内拌合胶液。

胶液应在规定的时间内使用完毕。严禁使用超过规定适用期（可操作时间）的胶液。

（2）拌好的胶液应同时涂刷在钢板和混凝土粘合面上，经检查无漏刷后即可将钢板与原构件混凝土粘贴；粘贴后的胶层平均厚度应控制在 2～3mm。覆贴时，胶层宜中间厚、边缘薄；竖贴时，胶层宜上厚下薄；仰贴时，胶液的垂流度不应大于 3mm。

（3）钢板粘贴时表面应平整，段差过渡应平滑，不得有折角。钢板粘贴后应均匀布点加压固定。其加压顺序应从钢板的一端向另一端逐点加压，或由钢板中间向两端逐点加压；不得由钢板两端向中间加压。

（4）加压固定可选用夹具加压法、锚栓（或螺杆）加压法、支顶加压法等。加压点之间的距离不应大于 500mm。加压时，应按胶缝厚度控制在 2～2.5mm 进行调整。

（5）外粘钢板中心位置与设计中心线位置的线偏差不应大于 5mm；长度负偏差不应大于 10mm。

（6）混凝土与钢板粘结的养护温度不低于 15℃时，固化 24h 即可卸除加压夹具及支撑；72h 后可进入下一工序。

四、施工质量检验

（1）钢板与混凝土之间的粘结质量可用锤击法或其他有效探测法进行检查。按检查结果推定的有效粘贴面积不应小于总粘贴面积的 95%。

（2）钢板与原构件混凝土间的正拉粘结强度应符合规范规定的合格指标的要求。若不合格，应揭去重贴并重新检查验收。

（3）胶层应均匀，无局部过厚、过薄现象；胶层厚度应控制在（2.5±0.5）mm。

第三节　粘贴纤维复合材加固法

一、概述

1. 原理

粘贴纤维复合材加固技术是指采用高性能粘结剂（环氧树脂）将纤维布粘贴在建筑结构构件表面，使两者共同工作，提高结构构件的（抗弯、抗剪）承载能力，由此而达到对建筑物进行加固、补强的目的。

2. 适用

粘贴纤维增强复合材加固法适用于钢筋混凝土受弯、轴心受压、大偏心受压及受拉构件的加固；不适用于素混凝土构件，包括纵向受力钢筋配筋率低于现行国家标准《混凝土结构设计规范》（GB 50010—2010）规定的最小配筋率的构件加固。

粘贴纤维复合材加固的各种形式，如图 4-3 所示。

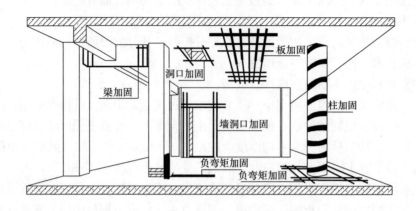

图 4-3　粘贴纤维复合材加固形式图

被加固的混凝土结构构件，其现场实测混凝土强度等级不得低于 C15，且混凝土表面的正拉粘贴强度不得低于 1.5MPa。

粘贴纤维复合材加固钢筋混凝土结构构件时，应将纤维受力方式设计成仅承受拉应力作用，采取措施卸除或大部分卸除作用在结构上的活荷载。长期使用的环境温度不应高于 60℃；处于特殊环境（如高温、高湿、介质侵蚀、放射等）的混凝土结构采用本方法加固时，除应按国家现行有关标准的规定采取相应的防护措施外，还应采用耐环境因素作用的胶粘剂，并按专门的工艺要求进行粘贴。

粘贴在混凝土构件表面上的纤维复合材，不得直接暴露于阳光或有害介质中，其表面应进行防护处理。表面防护材料应对纤维及胶粘剂无害，且应与胶粘剂有可靠的粘结强度及相互协调的变形性能。

3. 优点

（1）强度高（强度约为普通钢材的 10 倍），效果好。

（2）加固后能大大提高结构的耐腐蚀性及耐久性。

（3）自重轻（约 200g/m³），基本不增加结构自重及截面尺寸，柔性好，易于裁剪，适用范围广。

（4）施工简便（不需大型施工机械及周转材料），易于操作，经济性好。

（5）施工工期短。

通过以上分析可知，采用纤维复合材加固法有很多区别于其他加固方法的优点。但是，由于纤维复合材和混凝土是两种不同性质的材料，所以纤维复合材加固法加固的难点在于如何保证加固后的纤维材料能够和原构件协调受力，对于两者间界面的研究一直是该加固法发展过程中的难点。另外，纤维材料高强度低弹性模量也是妨碍其发挥出最大加固效果的一个因素。

二、施工工艺流程

外粘纤维织物或板材加固混凝土承重结构施工程序，如图 4-4 所示。

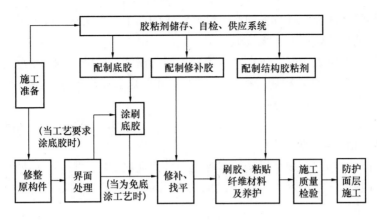

图 4-4 施工工艺流程

三、施工方法

1. 准备工作

(1) 施工环境温度一般按不低于 15℃ 进行控制。

(2) 作业场地应无粉尘，且不受日晒、雨淋和化学介质污染。

2. 界面处理

(1) 经修整露出骨料新面的混凝土加固粘贴部位，应按设计要求修复平整，并采用结构修补胶对较大孔洞、凹面、露筋等缺陷进行修补、复原；对有段差、内转角的部位应抹成平滑的曲面；对构件截面的棱角，应打磨成圆弧半径不小于 25mm 的圆角，在完成以上加工后，应将混凝土表面清理干净，并保持干燥。

(2) 粘贴纤维材料部位的混凝土，其表层含水率不宜大于 4%，且不应大于 6%。对含水率超限的混凝土应进行人工干燥处理，或改用高潮湿面专用的结构胶粘贴。

(3) 当粘贴纤维材料采用的粘结材料是配有底胶的结构胶时，不得擅自免去涂刷底胶的工序。

(4) 底胶指干时，表面若有凸起处，应用细砂纸磨光，并应重刷一遍。底胶涂刷完毕应静置固化至指干时，才能继续施工。

(5) 若在底胶指干时，未能及时粘贴纤维材料，则应等待 12h 后粘贴，且应在粘贴前用细软羊毛刷或洁净棉纱团蘸工业丙酮擦拭一遍，以清除不洁残留物和新落的灰尘。

3. 纤维材料粘贴施工

1) 浸渍、粘结专用的结构胶粘剂，拌合应采用低速搅拌机充分搅拌；拌好的胶液色泽应均匀、无气泡。

2) 纤维织物粘贴步骤和要求：

(1) 按设计尺寸裁剪纤维织物，且严禁折叠；若纤维织物原件已有折痕，应裁去有拆痕一段织物。

(2) 将配制好的浸渍、粘结专用的结构胶粘剂均匀涂抹于粘贴部位的混凝土表面。

(3) 将裁剪好的纤维织物按照放线位置敷在涂好结构胶粘剂的混凝土表面。织物应充分展平，不得有皱褶。

（4）应使用特制滚筒沿纤维方向在已贴好纤维的面上多次滚压，使胶液充分浸渍纤维织物，并使织物的铺层均匀压实，无气泡产生。

（5）多层粘贴纤维织物时，应在纤维织物表面所浸渍的胶液达到指干状态时立即粘贴下一层。若延误时间超过 1h，则应等待 12h 后，方可重复上述步骤继续进行粘贴，但粘贴前应重新将织物粘合面上的灰尘擦拭干净。

（6）最后一层纤维织物粘贴完毕，还应在其表面均匀涂刷一道浸渍、粘结专用的结构胶。

3）预成型板粘贴步骤和要求：

（1）按设计尺寸切割预成型板。切割时，应考虑现场检验的需要，由监理人员按纤维板材粘贴规范取样规则，指定若干块板予以加长 150mm，以备检测人员粘贴标准钢块，作正拉粘结强度检验使用。

（2）用工业丙酮擦拭纤维板材的粘贴面（贴一层板时为一面、贴多层板时为两面），至白布擦拭检查无碳微粒为止。

（3）将配制好的胶粘剂立即涂在纤维板材上。涂抹时，应使胶层在板宽方向呈中间厚、两边薄的形状，平均厚度为 1.5～2mm。

（4）将涂好胶的预成型板贴在混凝土粘合面的放线位置上用手轻压，然后用特制橡皮滚筒顺纤维方向均匀展平、压实，并应使胶液有少量从板材两侧边挤出。压实时，不得使板材滑移错位。

（5）需粘贴两层预成型板时，应重复上述步骤连续粘贴；若不能立即粘贴，应在重新粘贴前，将上一工作班粘贴的纤维板材表面擦拭干净。

（6）按相同工艺要求，在邻近加固部位处，粘贴检验用的 150mm×150mm 的预成型板。

4）织物裁剪的宽度不宜小于 100mm。

5）纤维复合材粘贴完毕后应静置固化，并按规定固化环境温度和固化时间进行养护。

四、施工质量检验

1）纤维复合材与混凝土之间的粘结质量可用锤击法或其他有效探测法进行检查。根据检查结果确认的总有效粘结面积不应小于总粘结面积的 95%。

探测时，应将粘贴的纤维复合材分区，逐区测定空鼓面积（即无效粘结面积）。若单个空鼓面积不大于 $10000mm^2$，允许采用注射法充胶修复；若单个空鼓面积大于或等于 $10000mm^2$，应割除修补，重新粘贴等量纤维复合材。粘贴时，其受力方向（顺纹方向）每端的搭接长度不应小于 200mm；若粘贴层数超过 3 层，该搭接长度不应小于 300mm；对非受力方向（横纹方向）每边的搭接长度可取为 100mm。

2）加固材料（包括纤维复合材）与基材混凝土的正拉粘结，强度必须进行见证抽样检验。其检验结果应符合表 4-1 合格指标的要求。若不合格，应揭去重贴，并重新检查验收。

3）纤维复合材胶层厚度（δ）应符合下列要求：

（1）对纤维织物（布）：$\delta=(1.5\pm0.5)$ mm。

（2）对预成型板：$\delta=(2.0\pm0.3)$ mm。

4）纤维复合材粘贴位置，与设计要求的位置相比，其中线偏差不应大于 10mm；长度负偏差不应大于 15mm。

表 4-1　现场检验加固材料与混凝土正拉粘结强度的合格指标

检验项目	原构件实测混凝土强度等级	检验合格指标		检验方法
正拉粘结强度	C15～C20	≥1.5MPa	且为混凝土	碳纤维粘贴加固
及其循环形式	≥C45	≥2.5MPa	内聚破坏	规范附录 U

第四节　混凝土构件加大截面加固法

一、混凝土增大截面加固法

（一）概述

1. 原理

增大截面加固法，又称外包混凝土加固法，是通过在原混凝土构件外叠浇新的钢筋混凝土，增大构件的截面面积和配筋，达到提高构件的承载力和刚度、降低柱子长细比等目的。

2. 适用

增大截面加固法适用于钢筋混凝土受弯和受压构件梁、板、柱等的加固，根据构件的受力特点、薄弱环节、几何尺寸及方便施工等，加固可以设计为单侧、双侧、三侧或四面增大截面。例如，轴心受压柱常采用四面加固[图 4-5(a)]，偏心受压柱受压边薄弱时，可仅对受压边加固[图 4-5(b)]；反之，可仅对受拉边加固[图 4-5(c)]。梁、板等受弯构件，有以增大截面为主的受压区加固[图 4-5(d)]和以增加配筋为主的受拉区加固

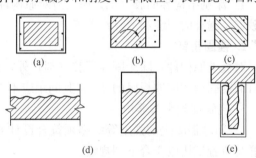

图 4-5　外包混凝土加固构件截面
(a) 四面加固；(b) 受压边加固；(c) 受拉边加固；
(d) 受压区加固；(e) 受拉区加固

[图 4-5(e)]，或两者兼备。以增大截面为主的加固，为了保证补加混凝土的正常工作，需配置构造钢筋；以加配钢筋为主的加固，为了保证钢筋的正常工作，需按钢筋保护层等构造要求，适当增大截面。按现场检测结果确定的原构件混凝土强度等级不应低于 C10。

3. 优缺点

（1）优点：工艺简单，适用面广。

（2）缺点：施工繁杂，工序多，现场湿作业工作量大，养护期较长，减少了使用空间，影响房屋美观，增加结构自重。

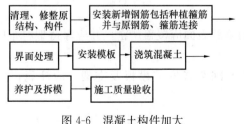

图 4-6　混凝土构件加大
截面施工工艺流程

（二）施工工艺流程

混凝土构件加大截面施工流程如图 4-6 所示。

（三）施工方法

1. 界面处理

1）原构件混凝土界面（粘合面）经修整露出骨料新面后，还应采用花锤、砂轮机或高压水射流进行打毛，除去浮渣；有条件时在混凝

土表面刷一层界面剂。必要时，也可凿成沟槽。其方法如下：

（1）花锤打毛：宜用 1.5～2.5kg 的尖头錾石花锤，在混凝土粘合面上錾出麻点，形成点深约 3mm、点数为 600～800 点/m² 的均匀分布；也可錾成点深 4～5mm、间距约 30mm 的梅花形分布。

（2）砂轮机或高压水射流打毛：宜采用输出功率不小于 300W 的粗砂轮机或压力符合规范附录 C 要求的水射流，在混凝土粘合面上打出方向垂直于构件轴线、纹深为 3～4mm、间距约 50mm 的横向纹路。

（3）人工凿沟槽：宜用尖锐、锋利凿子，在坚实混凝土粘合面上凿出方向垂直于构件轴线、槽深约 6mm、间距为 100～150mm 的横向沟槽。

2）当采用三面或四面新浇混凝土层外包梁、柱时，还应在打毛同时，凿除截面的棱角。

3）在完成上述加工后，应用钢丝刷等工具清除原构件混凝土表面松动的骨料、砂砾、浮渣和粉尘，并用清洁的压力水冲洗干净；若采用喷射混凝土加固，宜用压缩空气和水交替冲洗干净。

4）涂刷结构界面胶（剂）前，应对原构件表面界面处理质量进行复查，剔除松动石子、浮砂以及漏补的裂缝和清除污垢等。

2. 锚固销钉

对板类原构件，除涂刷界面胶（剂）外，还应锚入直径不小于 6mm 的 Γ 形剪切销钉；销钉的锚固深度应取板厚的 2/3，其间距应不大于 300mm，边距应不小于 70mm。

3. 浇筑混凝土与养护

1）新增混凝土的强度等级必须符合设计要求。一般采用强度等级 C35 的碎石混凝土。取样与留置试块应符合下列规定：

（1）每拌制 50 盘（不足 50 盘，按 50 盘计）同一配合比的混凝土，取样不得少于一次。

（2）每次取样应至少留置一组标准养护试块；同条件养护试验的留置组数应根据混凝土工程量及其重要性确定，且不应少于一组。

2）混凝土浇筑施工应自下而上进行，封顶混凝土浇筑应通过在上层混凝土楼面开洞解决，开洞时，避免切断楼面内钢筋，若必须切断时，在柱混凝土浇完之后，应恢复原钢筋焊接且焊接搭接长度应满足规范要求。

3）混凝土浇筑完毕后，应按施工技术方案及时采取养护措施，并应符合下列规定：

（1）在浇筑完毕后应及时对混凝土加以覆盖并在 12h 以内开始浇水养护。

（2）混凝土浇水养护的时间：对采用硅酸盐水泥、普通硅酸盐水泥或矿渣硅酸盐水泥拌制的混凝土，不得少于 7d；对掺用缓凝剂或有抗渗要求的混凝土，不得少于 14d。

（3）浇水次数应能保持混凝土处于湿润状态；混凝土养护用水的水质应与拌制用水相同。

（4）采用塑料布覆盖养护的混凝土，其敞露的全部表面应覆盖严密，并应保持塑料布内表面有凝结水。

（5）混凝土强度达到 1.2MPa 前，不得在其上踩踏或安装模板及支架。应注意以下几点：

① 当日平均气温低于 5℃时，不得浇水。

② 当采用其他品种水泥时，混凝土的养护时间应根据所采用水泥或混合料的技术性能

确定。

③ 混凝土的表面不便浇水或使用塑料布覆盖时，应涂刷养护剂。

（四）施工质量检验

1）新增混凝土的浇筑质量缺陷，应按表 4-2 进行检查和评定。

表 4-2　新增混凝土浇筑质量缺陷

名称	现象	严重缺陷	一般缺陷
露筋	构件内钢筋未被混凝土包裹而外露	发生在纵向受力钢筋中	发生在其他钢筋中，且外露不多
蜂窝	混凝土表面缺少水泥砂浆致使石子外露	出现在构件主要受力部位	出现在其他部位，且范围小
孔洞	混凝土的孔洞深度和长度均超过保护层厚度	发生在构件主要受力部位	发生在其他部位，且为小孔洞
夹杂异物	混凝土中夹有异物且深度超过保护层厚度	出现在构件主要受力部位	出现在其他部位
内部疏松或分离	混凝土局部不密实或新旧混凝土之间分离	发生在构件主要受力部位	发生在其他部位，且范围小
现浇混凝土出现裂缝	缝隙从新增混凝土表面延伸至其内部	构件主要受力部位有影响结构性能或使用功能的裂缝	其他部位有少量不影响结构性能或使用功能的裂缝
连接部位缺陷	构件连接处混凝土有缺陷，连接钢筋、连接件、后锚固件有松动	连接部位有松动，或有影响结构传力性能的缺陷	连接部位有尚不影响结构传力性能的缺陷
表面缺陷	因材料或施工原因引起的构件表面起砂、掉皮	用刮板检查，其深度大于 5mm	仅有深度不大于 5mm 的局部凹陷

注：1. 当检查混凝土浇筑质量时，若发现有麻面、缺棱、掉角、棱角不直、翘曲不平等外形缺陷，应责令施工单位进行修补后，重新检查验收。

　　2. 灌浆料与细石混凝土拌制的混合料，其浇灌质量缺陷也应按本表检查和评定。

2）新增混凝土的浇筑质量不应有严重缺陷及影响结构性能和使用功能的尺寸偏差。

3）新旧混凝土结合面粘结质量应良好。锤击或超声波检测读数为结合不良的测点数，不应超过总测点数的 10%，且不应集中出现在主要受力部位。

4）对结构加固截面纵向钢筋保护层厚度的允许偏差，应该按下列规定执行：

（1）对梁类构件，为 +10mm，−3mm。

（2）对板类构件，仅允许有 8mm 的正偏差，无负偏差。

（3）对墙、柱类构件，底层仅允许有 10mm 的正偏差，无负偏差；其他楼层按梁类构件的要求执行。

二、高强灌浆料增大截面加固法

（一）基本规定

1) 结构构件增大截面灌浆工程的施工程序及需按隐蔽工程验收的项目，应符合下列规定：

（1）在安装模板的工序中，应增加设置灌浆孔和排气孔的位置。

（2）在灌浆施工的工序中，对第一次使用的灌浆料，应增加灌浆作业；当分段灌注时，尚应增加快速封堵灌浆孔和排气孔好的作业。

2) 灌浆工程的施工组织设计和施工技术方案应结合结构的特点进行论证，并经审查批准。

（二）施工方法

1. 施工图安全复查

1) 在结构加固工程中使用水泥基灌浆料时，应对施工图进行基本复查，其结果应符合下列规定：

（1）对增大截面加固，仅允许用于原构件为普通混凝土或砌体工程，不得用于原构件为高强混凝土的工程。

（2）对外加型钢（角钢）骨架的加固，仅允许用于干式外包钢工程，不得用于外粘型钢（角钢）工程。

2) 当用于普通混凝土或砌体的增大截面工程时，尚应遵守如下规定：

（1）不得采用纯灌浆料，而应采用以70％灌浆料与30％细石混凝土混合而成的浆料（以下简称混合料），且细石混凝土粗骨料的最大粒径不应大于12.5mm。

（2）混合料灌注的浆层厚度（即新增截面厚度）不应小于60mm，且不宜大于80mm；若有可靠的防裂措施，也不应大于100mm。

（3）采用混合料灌注的新增截面，其强度设计值应按细石混凝土强度等级采用。细石混凝土强度等级应比原构件混凝土提高一级，且不应低于C25级，也不应高于C50级。

注意：当构件新增截面尺寸较大时，宜改用普通混凝土或自密实混凝土。

（4）梁、柱的新增截面应分别采用三面围套和全围套的构造方式，不得采用仅在梁底或柱的相对两面加厚的做法。板的新增截面与旧混凝土之间应采取增强其粘结抗剪和抗拉能力的措施，且应设置防温度变形、收缩变形的构造钢筋。

3) 当用于干式外包钢工程时，不论采用何种品牌灌浆料均仅作为充填角钢与原混凝土间的缝隙之用，不考虑其粘结力。在任何情况下，均不得替代结构胶粘剂用于外粘型钢（型钢）工程。

2. 界面处理

1) 原构件界面（即粘合面）处理应符合下列规定：

（1）对混凝土构件，应采用人工、砂轮机或高压水射流流动打毛。打毛深度应达骨料新面，且应均匀、平整；在打毛同时，尚应凿除原截面的棱角。

（2）对一般砌体构件，仅需剔除勾缝砂浆、已风化的材料层和抹灰层或其他装饰层。

（3）对外观质地光滑，且强度等级高的砌体构件，尚应打毛块材表面；每块应至少打毛两处，且可打成点状或条状，其深度以3～4mm为度。

在完成打毛工序后，尚应清除已松动的骨料、浮渣和粉尘，并用清洁的压力水冲洗干净。

2）对打毛的混凝土或砌体构件，应按设计选用的结构界面胶（剂）及其工艺进行涂刷。对楼板加固，除应涂刷结构界面胶（剂）外，尚应种植剪切销钉。

界面胶（剂）和锚固型结构胶粘剂进场时，应按本规范第 4 条的要求进行复验。

3. 灌浆施工

1）新增截面的受力钢筋、箍筋及其他连接件、锚固件、预埋件与原构件连接（焊接）和安装的质量，应符合规范要求。

2）灌浆工程的模板、紧箍件（卡具）及支架的设计与安装，应符合下列要求：

（1）当采用在模板对称位置上开灌浆孔和排气孔灌注时，其孔径不宜小于 100mm，且不应小于 50mm；间距不宜大于 800mm。若模板上有设计预留的孔洞，则灌浆孔和排气孔应高于该孔洞最高点约 50mm。

（2）当采用在楼板的板面上凿孔对柱的增大截面部位进行灌浆时，应按一次性灌满的要求架设模板，并采用措施防止连接处外漏浆。此时，柱高不宜大于 3m，且不应大于 4m。若将这种方法用于对梁的增大截面部位进行灌浆，则无需限制跨度，均可按一次性灌注完毕的要求架设模板。

梁、柱的灌浆孔和排气孔应对称布置，且分别凿在梁的边缘和柱与板交界边缘上。凿孔的尺寸一般为 60mm×120mm 的圆形孔。

3）新增灌浆料与细石混凝土的混合料，其强度等级必须符合设计要求，用于检查其强度的试块，应在监理工程师的见证下，按本规范第 5.3.2 条的规定进行取样、制作、养护和检验。

4）灌浆料启封配成浆液后，应直接与细石混凝土拌合使用，不得在现场再掺入其他外加剂和掺合料。将拌好的混合料灌入板内时，允许用小工具轻轻敲击模板。

5）日平均温度低于 5℃时，应按冬期施工要求，采取有效措施确保灌浆工艺安全可行。浆体拌合温度应控制在 50～60℃之间；基材温度和浆料入模温度应符合产品使用说明书的要求，且不应低于 10℃。

6）混合料灌注完毕后，应按施工技术方案及时采取有效的养护措施，并应符合下列规定：

（1）养护期间日平均温度不应低于 5℃；若低于 5℃，应按冬期施工要求，采取保暖升温措施；在任何情况下，均不得采用负限养护方法，以确保灌浆工程的养护质量。

（2）灌注完毕应及时喷洒养护剂或塑料薄膜，然后再加盖湿土工布或湿薄袋。在完成此道作业后，应按本规范第 5.3.4 条的规定进行养护，且不得少于 7d。

（3）应在养护期间，自始至终做好浆体的保湿工作；冬期施工时，应做好浆体保温工作；保湿、保温工作的定期检查记录应定期复查。

（三）施工质量检验

1）以灌浆料与细石混凝土拌制的混合料，并采用灌浆法灌注到新增截面，其施工质量应符合本规范第 5 章的规定。

2）在按本规范第 5 章的规定检查混合料灌注的新增截面的构件使用前，应先对下列文件进行审查：

（1）灌浆料出厂检验报告和进场复验报告。

（2）拌制混合料现场取样作抗压强度检验的检验报告。

第五节　置换混凝土加固法

一、概述

1. 原理

置换混凝土法主要是针对既有混凝土结构或施工中的混凝土结构，由于结构裂损或混凝土存在蜂窝、孔洞、夹渣、疏松等缺陷，或混凝土强度（主要是压区混凝土强度）偏低，而采用挖补的办法保留钢筋并用优质的混凝土将这部分劣质混凝土置换掉（图 4-7），达到恢复结构基本功能的目的。

2. 优缺点

（1）优点：结构加固后能恢复原貌，不改变使用空间。

（2）缺点：新旧混凝土的粘结能力较差，挖凿易伤及原构件的混凝土及钢筋，湿作业期长。

3. 适用

置换混凝土加固法适用于承重构件受压区混凝土强度偏低或有严重缺陷的局部加固。

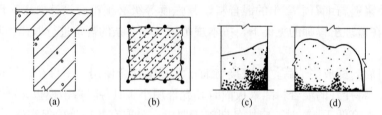

图 4-7　置换混凝土法

（a）梁（压区混凝土强度偏低）；（b）柱（混凝土强度偏低）；（c）粒（烂根）；（d）墙（烂根）

二、施工工艺流程

置换混凝土工程施工程序，如图 4-8 所示。

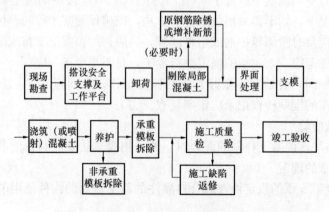

图 4-8　局部置换混凝土工程施工程序框图

三、施工方法

1. 卸载的实时控制

（1）卸载时的力值测量可用千斤顶配置的压力表经校正后进行测读；卸载所用的压力表、百分表的精度不应低于1.5级，标定日期不应超过半年。

（2）当需将千斤顶压力表的力值转移到支承结构上时，可采用螺旋式杆件和钢楔等进行传递，但应在千斤顶的力值降为零时方可卸下千斤顶。力值过渡时，应用百分表进行卸载点的位移控制。

2. 混凝土局部剔除及界面处理

（1）剔除被置换的混凝土时，应在到达缺陷边缘后，再向边缘外延伸清除一段不小于50mm的长度；对缺陷范围较小的构件，应从缺陷中心向四周扩展，逐步进行清除，其长度和宽度均不应小于200mm。剔除过程中不得损伤钢筋及无需置换的混凝土。

（2）梁、柱节点核心区和柱节的处理应将混凝土梁外包尺寸范围内的梁柱节点核心区混凝土全部清除，还把与梁连接另外一端柱子的梁柱节点75mm内混凝土清除。梁在柱外包尺寸投影范围内每边均有75mm的搁置长度。这样处理，不仅解决了新老混凝土粘结面的抗剪问题，而且保证了梁柱节点的刚性连接。清理干净后，与混凝土梁、柱节点一起重新浇筑。

（3）新老混凝土结合面的处理不凿成沟槽。若用高压水射流打毛，应打磨成垂直于轴线方向的均匀纹路，新老混凝土结合面进行凿毛处理，以增加粘结力。同时在新浇筑的C35混凝土中掺入适量的减水剂和膨胀剂，以减少混凝土的收缩和增加水分作用。

（4）当对原构件混凝土粘合面涂刷结构界面胶（剂）时，其涂刷应均匀，无漏刷。

3. 置换混凝土施工

（1）置换混凝土需补配钢筋或箍筋时，其安装位置及其与原钢筋焊接方法应符合设计规定；其焊接质量应符合现行行业标准《钢筋焊接及验收规程》JGJ 18的要求。

（2）置换混凝土的模板及支架拆除时，其混凝土强度应达到设计规定的强度等级。

（3）混凝土浇筑完毕后，应按施工技术方案及时进行养护。

四、施工质量检验

（1）新置换混凝土的浇筑质量不应有严重缺陷及影响结构性能或使用功能的尺寸偏差。

（2）新旧混凝土结合面粘合质量应良好。

（3）钢筋保护层厚度应合格。

第六节 改变传力途径法

一、概述

改变传力途径的加固方式有多种，目的都是降低构件的内力峰值，调整构件各截面的内力分布，从而提高结构的承载力。这里所说的改变传力途径加固法，主要指增设支点加固及多跨简支梁的连续化。

增设支点加固法，针对梁、板等受弯构件，通过在梁或板的跨中增设支点，减小构件的计算跨度，大幅度降低构件的弯矩和剪力峰值，并能减少和限制梁板的挠曲变形和开裂。按增设的支点的刚性，分为刚性支点和弹性支点两种。按增设支点是否预加支反应，分为预应力支撑和非预应力支撑两种。

多跨简支梁连续化，就是设法在原简支梁构件的支座处，增设抵抗负弯矩的钢筋，使支座处可以承受负弯矩。这样，简支梁即变为连续梁，减小了原构件的跨中弯矩，提高了梁的承载力。

二、施工方法

1. 刚性支点

刚性支点在外荷载作用下的变位很小，或其变位与原构件支座的变位差很小，以至于可以忽略。图 4-9（a）所示为工程中常见的几种支承，通常这些支承杆件都是承受轴向力，在后加荷载的作用下，新支点的变位与原支点的变位相差不大，可视为刚性支点。刚性支承的计算较为简单。

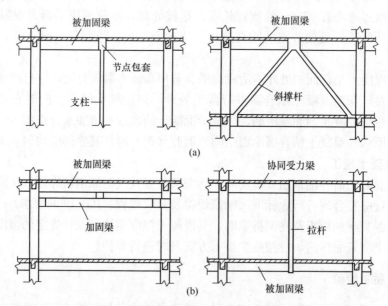

图 4-9　增设支点加固示意图

2. 弹性支点

弹性支点所增设的支杆或托架的相对刚度较小，在外荷载作用下，新支点的变位相对于原支点的变位较大，不能忽略，应在内力计算时考虑支点变位的影响。当采用受弯构件作为支撑杆件时[图 4-9（b）]，通常属于弹性支点。

3. 预应力支撑

预应力支撑是指采用施工手段，对增设的支点预加支反力，使支撑杆件较好地参加工作，并调节加固构件的内力。预加支反力越大，被加固梁的跨中弯矩越小，直至可使梁产生反向弯矩。对预加支反力的大小应进行控制，以使支点上表面不出现裂缝和不需增设附加钢筋为宜。施加支反力的常用方法有两种，即纵向压缩法和横向收紧法。

纵向压缩法采用预制型钢支撑或混凝土柱，使其长度略小于安装长度，并在支座下部预留一孔洞。在加固施工时，将一根小托梁穿入孔洞，用千斤顶顶升小托梁［图4-10（a）］，必要时应测量顶升力的大小，当顶升力或位移达到要求时，在支座顶部嵌入钢板，撤去托梁和千斤顶，通过焊接或浇混凝土保护。当要求的顶升力不大时，也可直接在支撑或柱下部嵌入钢楔，施加支反力。

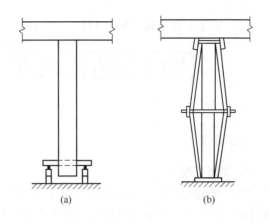

(a)　　　　　　　(b)

图 4-10　撑杆预应力施加方法

横向收紧法采用成对的型钢支撑，使支撑的长度略大于安装长度，先固定支撑的两端，并使支撑的中部对称地向外弯折［图4-10(b)］，然后用螺栓装置将弯折的支撑校直，支撑被压缩，产生支反力。

4. 多跨简支梁连续化

多跨密实地填基简支梁的端部衔接部位一般是有间隙的，应在间隙中密实地填塞混凝土，使之能够传递压力；然后在简支梁上部受拉部位增配受拉钢筋，或粘贴受拉钢板进行加固。

三、施工要求

采用预加支反力增设支点加固时，除直接卸除原构件上的荷载外，预加支反力应采用测力计控制。若仅采用打入钢楔以变形控制，宜先进行试验，在确定支反力与变位的关系后，方可应用。

增设支点若采用湿式连接，与后浇混凝土的接触面，应进行凿毛，清除浮渣，洒水湿润，一般以微膨胀混凝土浇筑为宜。若采用型钢箍套干式连接，型钢箍套与梁接触面间应用水泥砂浆座浆，待型钢箍套与支柱焊接后，再用较干硬砂浆将全部接触缝隙塞紧填实；对于楔块顶升法，顶升完毕后，应将所有楔块焊接，再用环氧砂浆封闭。

第七节　混凝土构件绕丝加固法

一、概述

1. 原理

绕丝法是在构件外表面按一定间距缠绕经退火后的钢丝，使混凝土受到约束作用，从而提高其承载力和延性的一种直接加固法。

2. 适用范围

绕丝法加固主要用于梁、柱构件。

3. 特点

该方法施工简便，利用混凝土三向受力可以提高其单轴抗压强度的原理，改善了构件的抗震性能。梁用绕丝法加固后，具有良好的约束斜裂缝和变形的能力，强度也有一定提高。

二、施工工艺流程（图 4-11）

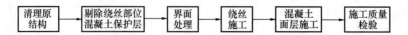

图 4-11　施工工艺流程

三、施工方法

1. 界面处理

（1）原结构构件经清理后，凿除绕丝、焊接部位的混凝土保护层。凿除后，应清除已松动的骨料和粉尘，并鏨去其尖锐、凸出部位，但应保持其粗糙状态。凿除保护层露出的钢筋程度以能进行焊接作业为度；对方形截面构件，尚应凿除其四周棱角并进行圆化加工；圆化半径不宜小于 40mm，且不应小于 25mm。然后将绕丝部位的混凝土表面用清洁压力水冲洗干净。

（2）原构件表面凿毛后，应按设计的规定涂刷结构界面胶（剂）。

（3）涂刷结构界面胶（剂）前，应对原构件表面处理质量进行复查，不得有松动的骨料、浮灰、粉尘和未清除干净的污染物。

2. 绕丝施工

（1）绕丝前，应采用间歇点焊法将钢丝及构造钢筋的端部焊牢在原构件纵向钢筋上。若混凝土保护层较厚，焊接构造钢筋时，可在原纵向钢筋上加焊短钢筋作为过渡。

（2）绕丝应连续，间距应均匀；在施力绷紧的同时，尚应每隔一定距离以点焊加以固定；绕丝的末端也应与原钢筋焊牢。绕丝焊接固定完成后，尚应在钢丝与原构件表面之间有未绷紧部位打入钢丝予以楔紧。

（3）混凝土面层的施工，当采用人工浇筑时，其施工过程控制应符合现行国家标准《混凝土结构工程施工质量验收规范》（GB 50204）的规定；当采用喷射法时，其施工过程控制应符合有关喷射混凝土加固技术的规定。

（4）绕丝的净间距应符合设计规定，且仅允许有 3mm 负偏差。

（5）混凝土面层模板的架设，当采用人工浇筑时，应符合现行国家标准《混凝土结构工程施工质量验收规范》（GB 50204）的规定。当采用喷射法时，应符合有关喷射混凝土加固技术的规定。

（6）混凝土面层浇筑完毕后，应及时进行养护。

四、施工质量检验

1）混凝土面层的施工质量不应有严重缺陷及影响结构性能或使用功能的尺寸偏差。

2）钢丝的保护层厚度不应小于 30mm，且仅允许有 3mm 正偏差。

3）混凝土面层拆模后的尺寸偏差应符合下列规定：

（1）面层厚度：仅允许有 5mm 正偏差，无负偏差；

（2）表面平整度：不应大于 0.5%，且不应大于设计规定值。

第八节 植筋加固法与植螺栓加固法

一、植筋加固法

（一）概述

1. 原理

化学植筋是在原有钢筋混凝土结构或构件上根据工程需用带肋钢筋，或全螺纹螺杆以适当的钻孔和深度，采用化学胶粘剂使新增的拟用钢筋锚固于基材混凝土中，并以充分利用钢筋强度为条件确定其抗拉设计荷载的一种连接锚固技术，并使新增钢筋（通常称为植筋）能发挥设计所期望的性能。作用在植筋上的拉力通过化学胶粘剂向混凝土中传递。

2. 适用

广泛应用于结构加固、补强、新老结构连接、补埋钢筋及后埋钢构件等方面。

3. 优点

化学植筋工艺简单、锚固快捷、承载效果好、安全可靠，造价低廉、特别是在结构改造方面与先锚法相比具有不可替代的优势。

（二）材料

钢筋选用 Ⅱ 级钢，植筋胶采用进口 HIT-HY-150 或 HIT-Re-150 植筋胶。

（三）植筋工程施工工艺流程（图 4-12）

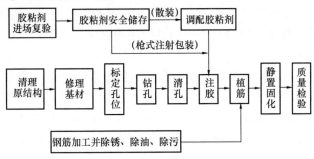

图 4-12 植筋工程施工工艺流程

（四）施工方法

（1）放线定位：根据设计图纸要求结合现场实际情况确定植筋位置，并做好标记。

（2）钢筋探测：由于现场植筋位置是根据现有结构设计图纸放线定位确认，新植入钢筋存在与原有结构内部钢筋相交叉的情况。为避免植筋钻孔时遇到原结构内钢筋形成废孔，影响施工工效，可能对原结构产生一定的破坏影响，所以，需要在钻孔前对现场原有结构内部钢筋进行探测，便于植筋钻孔工作的顺利展开。

（3）钻孔：根据孔径和孔深要求钻孔，钻孔工具采用电锤钻。具体植筋钢筋规格大小及植筋深度根据施工图纸要求实施。

洗孔是植筋中最重要的一个环节，因为孔钻完后内部会有很多混凝土灰渣垃圾，直接影响植筋的质量，所以孔洞应清理干净。

（4）清孔：先用电气筒吹出孔内灰尘两次，再用钢丝刷清孔两次，然后再用电气筒吹出孔内灰尘两次，清至无粉尘逸出为止。

采用专用毛刷清理孔内壁，并蘸丙酮擦洗。

（5）注胶：清孔完成后方可注浆，注胶时应根据现场环境温度确定树脂的每次拌合量；使用的机械为低速搅拌器；搅拌好的胶液应色泽均匀，无结块，无气泡，在拌合和使用过程中，应防止灰尘、油、水等杂质混入。灌注方式应不妨碍孔洞中空气排出。锚固胶要选用合格的植筋专用胶水，使钢筋植入后孔内胶液饱满，又不会使胶液大量外流，以少许胶粘剂外溢为宜。注胶时将安装好混合管的料罐置入注射枪中，将混合管插入至孔底，植筋胶由孔底向孔口缓缓注入，注满孔深的 2/3 即可。注胶同时均匀外移注射枪，如孔深超过 20cm 时，应使用混合管延长器，保证从孔底开始注胶，以防内部胶体不实。第一次从新的混合管中打出的胶体不用，因为此时可能没有混合均匀（可目测胶体颜色）。

（6）植筋：植筋用的工具尤其是植筋枪，每一个植筋作业循环都要采用丙酮擦洗干净，以防结垢。注入胶体后，应立即将钢筋（螺杆）慢慢加压并找平一方向旋转至孔底，保证胶体分布均匀，目视表面有少量胶体外溢、排出孔内空气，不得采用钢筋以胶木角中粘胶塞进孔洞，并根据事先做好的标记检测钢筋是否达到所需的锚固深度（植筋钢筋要求：钢筋应无油污，无严重锈蚀。如钢筋锈蚀较为严重，则用钢丝刷除锈。清理过的钢筋必须清楚标记锚固深度位置。孔壁可以潮湿，但必须保证无明水）。钢筋接入后应采用快速堵漏剂封堵孔口。

（7）静置固化：钢筋种植完毕后，24h 之内严禁有任何扰动，以保证结构胶的正常固化。必须根据植筋胶性能中的固化时间对成品进行保护，静止养护，不得振动所植钢筋，防止在植筋胶固化时间内因工序交接或人为扰动对已种植完毕钢筋形成影响。

（8）检测：检测待植筋胶完全固化后，进行非破损性拉拔试验，检测的数量是植筋总数的 10%。检测中，测力计施加的力要小于钢筋的屈服强度，大于设计提供的植筋设计锚固力值。

（9）植筋工程的施工环境要求基材表面温度不低于 15℃进行。严禁在大风、雨雪天气进行露天作业。

（10）植筋焊接应在注胶前进行。若个别钢筋确需后焊时，除应采取断续施焊的降温措施外，尚应要求施焊部位距注胶孔顶面的距离不应小于 $15d$，且不应小于 200mm；同时必须用冰水浸渍的多层湿巾包裹植筋外露的根部。

（五）施工注意事项

用冲击钻钻孔，钻头直径应比钢筋直径大 4～8mm，钢筋直径为 $\Phi25$，钻头选用 $\phi32$ 的合金钻头。钻孔深度按照《混凝土结构加固设计规范》（GB 50367—2006）中提供的植筋基本锚固长度。各孔要求与布孔面垂直，且相互平行。钻孔时保证钻机、钻头与植入钢筋（螺杆）的受拉力方向一致。保证孔径与孔深尺寸准确。钻孔时，如果钻机突然停止或钻头不前进时，应立即停止钻孔，检查是否碰到内部钢筋。对于 15d 以上的超深孔钻孔时，除按标准操作对电锤不施加大的压力外，还应经常将钻头提起，让碎屑及时排出。

（1）植筋施工前，应采用钢筋探测仪对原结构筋进行准确定位，确保钻孔避开原结构内钢筋，特别是预应力筋和主受力筋。

（2）对于梁柱节点等钢筋密集或不易准确探测的部位，建议根据原结构设计图纸的钢筋分布，并配合原混凝土界面处理（凿毛、粗糙化）的过程进行施工现场观察分析，对原结构钢筋进行定位。

（4）注胶时如孔深超过 20cm，应使用混合管延长器，保证从孔底开始注胶，以防内部胶体不实。

（5）植筋注射剂应存放于阴凉、干燥的地方，避免受阳光直接照射，长期存放温度为 5～25℃。注意：注射剂不要接触眼睛。

（6）如果孔壁潮湿（不应有明水）可以进行注胶植筋，但固化时间应按规范固化时间加倍延长。

（7）植筋孔壁应完整，不得有裂缝和其他局部损伤。植筋孔壁清理洁净后，若不立即种植钢筋，应暂时封闭孔口，防止尘土、碎屑、油污和水分等落入孔中影响锚固质量。

（8）严格遵守安装时间与固化时间，待胶体完全固化方可承载，固化期间严禁扰动，以防锚固失效。

（六）施工质量检验

（1）植筋的胶粘剂固化时间达到 7d 的当日，应抽样进行现行锚固承载力检验。其检验方法及质量合格评定标准必须符合《建筑结构加固工程施工质量验收规范》（GB 50550—2010）的规定。

（2）植筋钻孔孔径的偏差应符合表 4-2 的规定。钻孔深度及垂直度的偏差应符合表 4-3 的规定。

表 4-2　植筋钻孔孔径允许偏差　　　　　　　　单位：mm

钻孔直径	孔径允许偏差	钻孔直径	孔径允许偏差
<14	≤+1.0	22～32	≤+2.0
14～20	≤+1.5	34～40	≤+2.5

表 4-3　植筋钻孔深度、垂直度和位置的允许偏差

植筋部位	钻孔深度允许偏差 /mm	钻孔垂直度允许偏差 /（mm/m）	位置允许偏差 /mm
基础	+20.0	50	10
上部构件	+10.0	30	5
连接节点	+5.0	10	5

二、植锚栓加固法

（一）锚栓工程的施工工艺流程

（1）清理、修整原结构、构件并画线定位。

（2）锚栓钻孔、清孔、预紧、安装和注胶。

（3）锚固质量检验。

（二）施工基本要求

1. 原结构、构件清理、修整后，应按设计图纸进行画线并定锚栓位置；若构件内部配有钢筋，尚应探测其对钻孔有无影响。若有影响，应立即通知设计单位处理。

2. 锚栓工程的施工环境应符合下列要求：

（1）锚栓安装现场的气温不宜低于−5℃。

（2）严禁在雨雪天气进行露天作业。

（三）锚栓安装施工

1. 锚栓钻孔

锚栓钻孔应按规定进行操作。

2. 基材表面及锚孔的清理

（1）混凝土基材表面应进行清理、修整。

（2）锚栓的锚孔应使用压缩空气或手动气筒清除孔内粉屑。

（3）锚栓应无浮锈；锚板范围内的基材表面应光滑平整，无残留的粉尘、碎屑。

3. 锚栓安装

（1）自扩底型锚栓的安装，应使用专门安装工具并利用锚栓专制套筒上的切底钻头边旋转、边切底、边就位；同时通过目测位移，判断安装是否到位；若已到位，其套筒顶端应低于混凝土表面的距离为1～3mm；对穿透式自扩底锚栓，此距离系指套筒顶端应低于被固定物的距离。

（2）模扩底型锚栓的安装，应使用专门的模具式钻头切底，将锚栓套筒敲至柱锥体规定位置以实现正确就位；同时通过目测位移，判断安装是否到位；若已到位，其套筒顶端至混凝土表面的距离也应约为1～3mm。其中特殊倒锥形锚栓无需扩底。

（4）锚栓孔清孔后，若未立即安装锚栓，应暂时封闭其孔口，防止尘土、碎屑、油污和水分等落入孔内影响锚固质量。

（5）锚栓固定件的表面应光洁平整。

（四）施工质量验收

1）锚栓安装、紧固或固化完毕后，应进行锚固承载力现场检验。其锚固质量必须符合锚固承载力现场检验的规定。

2）钻孔偏差应符合下列规定：

（1）垂直度偏差不应超过2.0%。

（2）直径偏差不应超过表4-4的规定值，且不应有负偏差。

（3）孔深偏差仅允许正偏差，且不应大于5mm。

（4）位置偏差应符合施工图规定；若无规定，应按不超过5mm执行。

表 4-4　锚栓钻孔直径的允许偏差　　　　　　　　　　单位：mm

钻孔直径	孔径允许偏差	钻孔直径	孔径允许偏差
≤14	≤+0.3	24～28	≤+0.5
16～22	≤+0.4	30～32	≤+0.6

第九节　预应力加固法

一、概述

1. 原理

预应力加固法，是采用体外补加预应力拉杆或型钢撑杆，对结构或构件进行加固的方法。

2. 适用

预应力加固法运用于下列场合的梁、板、拉和桁架的加固：

（1）原构件截面偏小或需要增加其使用荷载；

（2）原构件需要改善其使用性能；

（3）原构件处于高应力、应变状态，且难以直接卸除其结构上的荷载。

此方法尤其适合大跨度结构加固。

3. 特点

此方法施工简便，通过对后加的拉杆或型钢撑杆施加预应力，改变原结构内力分布，消除加固部分的应力滞后现象，使后加部分与原构件能较好地协调工作，提高原结构的承载力，减小挠曲变形，缩小裂缝宽度。预应力加固法具有加固、卸荷及改变原结构内力分布的三重效果。

二、施工工艺流程（图4-13）

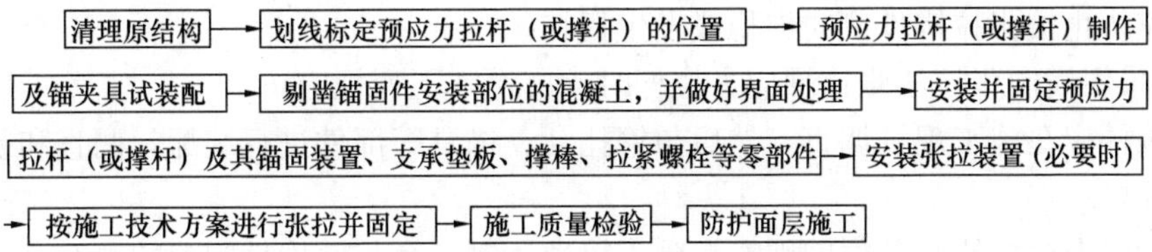

```
清理原结构 → 划线标定预应力拉杆（或撑杆）的位置 → 预应力拉杆（或撑杆）制作
及锚夹具试装配 → 剔凿锚件安装部位的混凝土，并做好界面处理 → 安装并固定预应力
拉杆（或撑杆）及其锚固装置、支承垫板、撑棒、拉紧螺栓等零部件 → 安装张拉装置（必要时）
→ 按施工技术方案进行张拉并固定 → 施工质量检验 → 防护面层施工
```

图 4-13　施工工艺流程

三、施工方法

1. 准备工作

1）当采用千斤顶张拉时，应定期标定其张拉机具及仪表，标定的有效期限不得超过半年。当千斤顶在使用过程中出现异常现象或经过检修，应重新标定。

2）在浇筑防护面层的水泥砂浆或细石混凝土前，应进行预应力隐蔽工程验收。其内容包括：

（1）预应力拉杆（或撑杆）的品种、规格、数量、位置等。

（2）预应力拉杆（或撑杆）的锚固件、撑棒、转向棒等的品种、规格、数量、位置等。

（3）当采用千斤顶张拉时，应验收锚具、夹具等的品种、规格、数量、位置等。

（4）锚固区局部加强构造及焊接或胶粘的质量。

2. 制作与安装

1）预应力拉杆（或撑杆）制作和安装时，必须复查其品种、级别、规格、数量和安装位置。复查结果必须符合设计要求。

2）预应力杆件锚固区的钢托套、传力预埋件、挡板、撑棒以及其他锚具、紧固件等的制作和安装质量必须符合设计要求。

3）施工过程中应避免电火花损伤预应力杆件或预应力筋；受损伤的预应力杆件或预应力筋应予以更换。

4）预应力拉杆下料应符合下列要求：

（1）应采用砂轮锯或切断机下料，不得采用电弧切割。

（2）当预应力拉杆采用钢丝束，且以镦头锚具锚固时；同束（或同组）钢丝长度的极差不得大于钢丝长度的 1/5000，且不得大于 3mm。

（3）钢丝镦头的强度不得低于钢丝强度标准值的 98%。

5）钢绞线压花锚成型时，其表面应洁净、无油污；梨形头尺寸及直线段长度尺寸应符合设计要求。

6）锚固区传力预埋件、挡板、承压板等的安装，其位置和方向应符合设计要求；其安装位置偏差不得大于 5mm。

3. 张拉施工

1）若构件锚固区填充了混凝土，其同条件养护的立方体试件抗压强度。在张拉时，不应低于设计规定的强度等级的 80%。

2）采用机张法张拉预应力拉杆时，应注意以下几点：

（1）应保证张拉施力同步，应力均匀一致。

（2）应实时控制张拉量。

（3）应防止被张拉构件侧向失稳或发生扭转。

3）当采用横向张拉法张拉预应力拉杆时，应遵守下列规定：

（1）拉杆应在施工现场调直，然后与钢托套、锚具等部件进行装配。调直和装配的质量应符合设计要求。

（2）预应力拉杆锚具部位的细石混凝土填灌、钢托套与原构件间隙的填塞，拉杆端部与预埋件或钢托套连接的焊缝等的施工质量应检查合格。

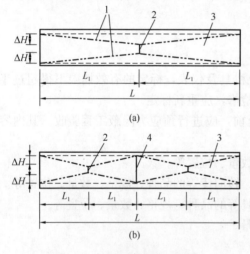

图 4-14　同步对称张拉示意图

（a）一点张拉；（b）两点张拉
1—水平拉杆；2—拉紧螺栓；
3—被加固构件；4—撑棒

（3）横向张拉量的控制，可先适当拉紧螺栓，再逐渐放松至拉杆仍基本平直、尚未松弛弯垂时停止放松；记录此时的读数，作为控制横向张拉量 ΔH 的起点。

（4）横向张拉分为一点张拉和两点张拉。两点张拉时，应在拉杆中部焊一撑棒，使该处拉杆间距保持不变（图 4-14），并使用两个拉紧螺栓，以同规格的扳手同步拧紧。

（5）当横向张拉量达到要求后，宜用点焊将拉紧螺栓的螺母固定，并切除螺杆伸出螺母以外部分。

4）当采用横向张拉法张拉预应力撑杆时，应符合下列规定：

（1）宜在施工现场附近，先用缀板焊连两个角钢，形成组合杆肢，然后在组合杆肢中点处，将角钢的侧立肢切割出三角形缺口，弯折成所设计的形状；再将补强钢板弯好，焊在角钢的弯折肢面上（图 4-15）。

（2）撑杆肢端部由抵承板（传力顶板）与承压板（承压角钢）组成传力构造（图 4-16）。承压板应采用结构胶加锚栓固定于梁底。传力焊缝的施焊质量应符合现行行业标准《建筑钢结构焊接技术规程》（JGJ 81）的要求。经检查合格后，将撑杆两端用螺栓临时固定。

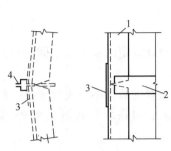
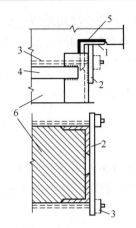

图 4-15　角钢缺口处　　　　　　　　　　图 4-16　撑杆杆肢上端的

加焊钢板补强　　　　　　　　　　　传力构造（施加预应力并就位后）

1—角钢撑杆；2—剖口处箍板；　　　　1—角钢制承压板；2—传力顶板；3—安装用螺栓；

3—补强钢板；4—拉紧螺栓　　　　　　　4—箍板；5—胶缝；6—原柱

（3）预应力撑杆的横向张拉量应按设计值严格进行控制，可通过拉紧螺栓建立预应力（预顶力）。

（4）横向张拉完毕，对双侧加固，应用缀板焊连两个组合杆肢；对单侧加固，应用连接板将压杆肢焊连在被加固柱另一侧的短角钢上，以固定组合杆肢的位置。焊接连接板时，应防止预压应力因施焊受热而损失；可采取上下连接板轮流施焊或同一连接板分段施焊等措施以减少预应力损失。焊好连接板后，撑杆与被加固柱之间的缝隙，应用细石混凝土或砂浆填塞密实。

四、施工要求

1. 预压力拉杆加固施工要求

采用预应力拉杆加固时，预加应力的施工方法宜根据现场条件和需加预应力的大小选定。预应力较大时宜用机械张拉或用电热法，预应力较小时（150kN 以下），宜用横向张拉法。

当采用横向张拉法时，钢套、锚具等部件应在施工现场附近焊接存放，拉杆应在施工现场尽量调直，然后进行装配和横向张拉，拉杆端部的传力结构质量很重要，应检查锚具附近细石混凝土的填灌、钢套与构件之间缝隙的填塞，拉杆端部与预埋件或钢套的焊缝等。横向张拉量控制，可先适当拉紧螺栓，再逐渐放松，至拉杆仍基本上平直而未松弛弯垂时停止放松，记录此时的有关读数，作为控制张拉量的起点。横向张拉分单点张拉和两点张拉，两点张拉应用两个拉紧螺栓同步旋紧，横向张拉量达到要求后，宜用点焊将拉紧螺栓上的螺母固定，涂防锈漆或防火保护层。

2. 预压力撑杆加固施工要求

宜在施工现场附近，先用缀板焊连两个角钢，形成压杆肢。然后在角钢的侧立肢切割出三角形缺口，弯折成设计的形状，再将补强钢板弯好，焊在弯折后角钢的正平肢上。

横向张拉完成后，应用连接板焊连双侧加固的两个压杆肢，单侧加固时用连接板焊连在被加固柱另一侧的短角钢上，以固定压杆肢的位置。焊连连接板时应防止预压应力因施焊时受热而损失，可采取上下连接板轮流施焊或同一连接板分段施焊等措施来防止，焊完后，撑杆与柱间的缝隙应用砂浆或细石混凝土填塞密实。加固的压杆肢、连接板、缀板和拉紧螺栓等均应涂防护漆或防火保护层。

五、施工质量检验

（1）预应力拉杆锚固后，其实际建立的预应力值与设计规定的检验值之间相对偏差不应超过±5%。

（2）当采用钢丝束作为预应力筋时，其钢丝断裂、滑丝的数量不应超过每束一根。

（3）预应力筋锚固后多余的外露部分应用机械方法切除，但其剩余的外露长度宜为25mm。

第五章　砌体结构加固技术

第一节　概　述

一、砌体结构加固方法

砌体结构的加固分为直接加固法与间接加固法两类。

1. 砌体结构的直接加固方法

（1）钢筋混凝土外加层加固法：该法属于复合截面加固法的一种，其优点是施工工艺简单、适应性强，砌体加固后承载力有较大提高，并具有成熟的设计和施工经验；适用于柱、带壁墙的加固；其缺点是现场施工的湿作业时间长，对生产和生活有一定的影响，且加固后的建筑物净空有一定的减小。

（2）钢筋水泥砂浆外加层加固法：该法属于复合截面加固法的一种，其优点与钢筋混凝土外加层加固法相近，但提高承载力不如前者；适用于砌体墙的加固，有时也用于钢筋混凝土外加层加固带壁柱墙时两侧穿墙箍筋的封闭。

（3）增设扶壁柱加固法：该法属于加大截面加固法的一种，其优点亦与钢筋混凝土外加层加固法相近，但承载力提高有限，且较难满足抗震要求，一般仅在非地震区应用。

2. 砌体结构的间接加固方法

（1）无粘结外包型钢加固法：该法属于传统加固方法，其优点是施工简便、现浇钢筋混凝土框。

（2）当纵横墙连接较差时，可采用钢拉杆、长锚杆、外加柱或外加圈梁等加固。

（3）楼、屋盖构件支承长度不满足要求时，可增设托梁或采取增强楼、屋盖整体性等的措施；对腐蚀变质的构件应更换；对无下弦的人字屋架应增设下弦拉杆。

（4）当圈梁设置不符合鉴定要求时，应增设圈梁；外墙圈梁宜采用现浇钢筋混凝土，内墙圈梁可用钢拉杆或在进深梁端加锚杆代替。

二、砌体结构加固材料

1. 混凝土

加固所用混凝土应收缩性小、微膨胀、早期强度高、粘结性好，强度等级不应低于C30。配制结构加固用的混凝土粗骨料应选用坚硬、耐久性好的碎石或卵石，现场拌合混凝土粗骨料最大粒径不宜大于 20mm；长纤混凝土粗骨料最大粒径不宜大于 12mm；短纤维混凝土粗骨料最大粒径不宜大于 10mm［粗骨料的质量应符合现行行业标准《普通混凝土用砂、石质量及检验方法标准》（JGJ 52—2006）的规定］，不得使用含有活性二氧化硅石料制成的粗骨料；细骨料应选用中、粗砂，喷射混凝土细骨料的细度模数的要求 C50 不小于1.3；C40～C45 不小于 1.0；C35 不小于 0.8；C30 不小于 0.7；C20～C25 不小于 0.6；C20不小于 0.5。

2. 砂浆

加固和修补所用砂浆包括高强度水泥砂浆、环氧砂浆、聚合物砂浆等，应强度高，粘结性能好，收缩变形小。砌体结构外观缺陷及截面损伤修补常常采用砂浆，加大截面加固法也会采用砂浆，要求砂浆的收缩性小、粘结性高，避免产生表面裂缝。

3. 钢材

宜优先选用 HPB235 为 Φ 级、HRB335 为 Φ 级钢筋，也可选用 HRB400 为 Φ 级和 RRB400 级钢筋等；受力构件采用化学植筋时，应选用热轧带肋钢筋；钢筋的性能设计值应按现行国家标准《混凝土结构设计规范》（GB 50010—2010）的规定采用；不得使用无出厂合格证、无标志或未经进场检验的钢筋以及再生钢筋。

受力构件采用钢螺杆时，应选用 Q345 级、Q235 级全螺纹钢螺杆；钢板、型钢、扁钢和钢管，宜优先选用 Q235 钢、Q345 钢，对重要结构的焊接构件，若采用 Q235 级钢，应选用 Q235-B 级钢；也可选用 Q390 钢、Q420 钢等〔钢材质量应分别符合现行国家标准《碳素结构钢》（GB/T 700—2006）和《低合金高强度结构钢》（GB/T 1591—2008）的规定；钢材的性能设计值应按现行国家标准《钢结构设计规范》（GB 50017—2003）的规定采用〕；不得使用无出厂合格证、无标志或未经进场检验的钢材。

4. 纤维复合材料

纤维复合材料选用应符合《碳纤维片材加固修复混凝土结构技术规程》（CECS 146—2003）和《混凝土结构加固设计规范》（GB 50367—2013）的规定。纤维片材是近几年广泛应用于建筑结构加固中的材料，其安全性、耐久性等除在实验室试验外，还应经过实际工程的考验，其选择应符合产品标准和应用标准以及规范的规定。

5. 连接材料

焊接选用的焊条应符合现行国家标准的规定，焊条型号应与被焊接钢材的强度相适应；螺栓、铆钉应符合现行国家标准《钢结构设计规范》（GB 50017—2003）的规定。化学植筋、锚杆、钢螺杆应符合现行《混凝土结构后锚固技术规程》（JGJ 145—2013）的规定，当锚固件为钢螺杆时，应采用全螺纹的螺杆，不得采用锚入部位无螺纹的螺杆。螺杆的钢材等级应为 Q145 级或 Q235 级；其质量应分别符合现行国家标准《低合金高强度结构钢》（GB/T 1591—2008）和《碳素结构钢》（GB/T 100—2006）的规定。

6. 粘结材料

粘结材料应选用粘结性好、收缩性小、无毒或低毒、耐久性好的材料。浸渍、粘结纤维复合材的胶粘剂必须采用专门配制的改性环氧树脂胶粘剂，其安全性检验指标必须符合《混凝土结构加固设计规范》（GB 50367—2013）的规定。

三、砌体结构加固工艺要求

1. 化学植筋

1）化学植筋（图中简称植筋）所用钢筋及螺杆系指 HRB335 级热轧带肋钢筋。其他钢筋的锚固参数应做相应调整。

2）锚固胶

（1）化学植筋所用锚固胶的锚固性能应通过专门的试验确定。对获准使用的锚固胶，除说明书规定可以掺入定量的掺和剂（填料）外，现场施工中不宜随意增添掺料。

（2）锚固胶按使用形态的不同分为管装式、机械注入式和现场配制式（图 5-1），应根据使用对象的特征和现场条件合理选用。

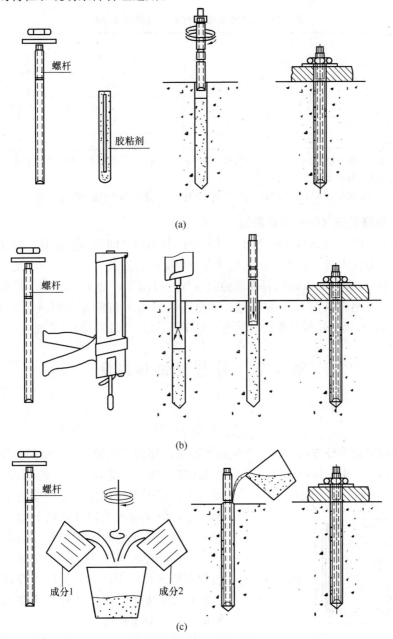

(a)

(b)

(c)

图 5-1 锚固胶使用形态

（a）管装式；（b）机械注入式；（c）现场配制式

3）化学植筋的最小有效锚固深度：对于混凝土基材，宜满足表 5-1 的规定；对于砌体基材，可近似按块材强度等级相同的混凝土基材规定确定，且钢筋必须植于块材内，不得植于灰缝。对于受力植筋，块材不得低于 MU10，对于构造植筋，块材强度及锚固深度可适当放宽。

4）化学植筋基材厚度 h 应满足不小于 $h_{ef}+2d_0$，且 $h \geqslant 100mm$，其中 h_{ef} 为植筋有效锚

固深度，d_0 为锚孔直径。

5）化学植筋的最小间距 $S_{\min}$ 应不小于 $5d$，最小边距 $C_{\min}$ 应不小于 $5d$。d 为植筋直径。

表 5-1　化学植筋最小有效锚固深度 h_{ef}/d

设防烈度	锚栓受拉、边缘受剪、拉剪复合受力之结构构件连接及生命线工程非结构构件连接			非结构构件连接及受压、中心受剪、压剪复合之结构构件连接		
	C20	C30	≥C40	C20	C30	≥C40
<6	26	22	19	24	20	17
7～8	29	24	21	26	22	19

注：1. 边缘受剪是指剪力垂直于构件边缘，且边距 C 较小时的受剪；中心受剪是指剪力平行于构件轴线，或虽垂直于构件轴线，但 $C \geq 10h_{ef}$ 的受剪。

　　2. 非结构构件包括持久性的建筑非结构构件及支撑于建筑结构的附属机电设备的支架等。

2. 钢材、钢筋的连（焊）接与锚固

型钢与型钢之间、型钢与钢筋之间，以及钢筋与钢筋之间焊接连接时，焊缝应由计算确定。焊缝的承载力应大于或等于母材的承载力，焊缝的构造及工艺要求应满足《钢结构设计规范》（GB 50017—2003）、《钢筋焊接及验收规程》（JGJ 18—2012）等相关标准的规定。钢筋的锚固长度 l_a（地震区为 l_{aE}）和搭接 l_l（地震区为 l_{lE}）应满足《混凝土结构设计规范》（GB 50010—2010）及《建筑抗震设计规范》（GB 50011—2010）的有关规定。

第二节　外包型钢加固法

一、概述

外包型钢加固砌体柱方法也称干式包钢加固法，在构件四周或两个角部包以型钢并焊接缀板，对原柱形成约束，提高砌体柱承载力和抗变形能力，受力可靠、施工简便、现场工作量较小，适用于使用上不允许显著增大原构件截面尺寸，但又要求大幅度提高其承载能力的构件加固，该法属于传统加固方法。但用钢量较大。

原构件存在高应力、高应变状态时，可将外包型钢施加预应力，称为预应力撑杆加固法，该法能较大幅度地提高砌体柱的承载力能，且具有卸荷、加固双重效果。

抗侧力甚至可提高 10 倍以上，柱的破坏由脆性破坏转化为延性破坏。

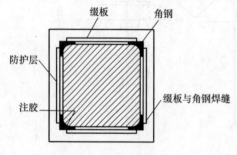

图 5-2　外粘型钢加固柱

采用外粘型钢加固构件时，应采用改性环氧树脂胶粘剂进行灌注，如图 5-2 所示。

二、外粘型钢施工方法

（1）打磨：被加固的构件表面打磨平整，角部打磨成圆弧形，清理干净，刷一层环氧树脂浆液，型钢除锈。

（2）就位、焊接：型钢就位，用卡具从 X、Y 两个方向将角型钢卡贴于构件预定部位，并校准，卡紧，相互焊接连接。

（3）封闭：用环氧胶泥将型钢四周封闭，流出排气孔和灌浆孔，粘贴灌浆嘴，灌浆嘴间距约 2.0～3.0m，通气试压。

（4）灌浆：用灌浆泵以 0.2～0.4MPa 的压力将环氧树脂从灌浆嘴压入，当排气孔出现浆液后停止加压，将排气孔封堵，再维持低压 10min 以上，停止灌浆。

（5）灌浆后不要扰动型钢，待其环氧树脂凝固达到一定强度后，拆除卡具，构件表面进行装饰。

（6）抹 25mm 厚保护层水泥、砂浆找平。

第三节　钢筋网水泥砂浆面层加固法

一、概述

1. 原理

钢筋网水泥砂浆面层加固砖墙是指把需加固的砖墙表面除去粉刷层后，两面附设 $\phi 4$～$\phi 8$ 的钢筋网片，然后抹水泥砂浆面层的加固方法（图 5-3）。此法通常对墙体双面进行加固，所以经加固后的墙体俗称为夹板墙。夹板墙可以较大幅度地提高砖墙的承载力、抗侧移刚度及墙体的延性。

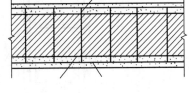

图 5-3　钢筋网水泥法加固的砖墙

2. 适用

目前钢筋网水泥砂浆面层法常被用于下列情况的加固：

（1）因火灾而使整片墙的承载力或刚度不足。

（2）因房屋加层或超载而引起砖墙承载力不足。

（3）因施工质量差而使砖墙承载力普遍达不到设计要求等。

（4）静力加固和中高强度的抗震加固。

孔径大于 15mm 的空心砖墙、砌筑砂浆强度等级小于 M2.5 的墙体；墙体严重酥碱，或油污不易消除，不能保证抹面砂浆粘结质量的墙体，不宜采用钢筋网水泥砂浆面层进行加固。

二、材料选择及构造

（1）材料面层的砂浆强度宜采用 M10，特殊情况下可采用 M15；钢筋直径宜为 4～6mm。

（2）钢筋网砂浆面层的厚度宜为 35mm，钢筋外保护层厚度不应小于 10mm，钢筋网片与墙面的空隙不宜小于 5mm。

（3）钢筋网格尺寸实心墙宜为 300mm×300mm。空斗墙宜为 200mm×200mm。

（4）单面加面层的钢筋网应采用 $\phi 6$ 的 L 形锚筋，用水泥砂浆固定在墙体上；双面加面层的钢筋网应采用 $\phi 6$ 的 S 形穿墙筋连接；L 形锚筋的间距宜为 600mm，S 形穿墙筋的间距宜为 900mm，并且呈梅花状布置。

（5）钢筋网四周应与楼板或大梁、柱或墙体连接，可采用锚筋、插入短筋、拉结筋等连接方法。

（6）当钢筋网的横向钢筋遇有门窗洞口时，单面加固宜将钢筋弯入窗洞侧边锚固；双面加固宜将两侧横向钢筋的洞口闭合。

（7）钢筋网、钢板网及焊接钢丝网与墙体的固定，双面加固时采用 S 形 $\phi 6$ 钢筋以钻孔穿墙对拉，间距宜为 900mm，并且呈梅花状布置（图 5-4）；单面加固时采用 L 型 ϕ 构造锚固钢筋以凿洞填 M10 水泥砂浆锚固，孔洞尺寸为 60mm×60mm，深 120～180mm，构造锚固钢筋间距为 600mm，呈梅花状交错排列（图 5-5）。

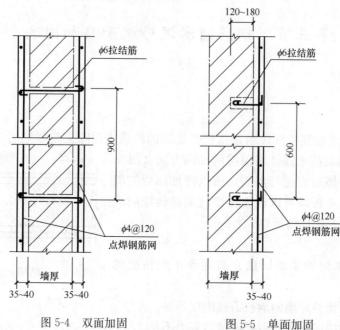

图 5-4 双面加固　　　　图 5-5 单面加固

三、施工程序

（1）清理、修整原结构、构件。

（2）制作钢筋网及拉结件或拉结筋。

（3）界面处理。

（4）安装钢筋网。

（5）配制砂浆。

（6）钢筋网砂浆层施工。

（7）养护、拆模。

四、施工方法

水泥砂浆或钢筋网砂浆面层宜按下列顺序施工：原墙面清底、钻孔并用水冲刷，铺设钢筋网并安设锚筋，浇水湿润墙面，抹水泥砂浆并养护、墙面装饰。

1. 界面处理

原墙面碱蚀严重时，应先清除松散部分，用钢丝刷和压力水刷洗干净，并用 1∶3 水泥砂浆抹面，已松动的勾缝砂浆应剔除。对粘结良好无空膨的原有水泥砂浆粉饰层可不铲除，但应凿毛，并将表面油污等刷洗干净。

2. 钢筋网安装及砂浆面层施工

（1）在墙面钻孔时，应按设计要求先画线标出锚筋（或穿墙筋）位置，并用电钻打孔。穿墙孔直径宜在"S"形筋大 2mm，锚筋孔直径宜为锚筋直径的 2～2.5 倍，其孔深宜为 100～120mm，锚筋插入孔洞后，应采用水泥砂浆填实。

（2）铺设钢筋网时，竖向钢筋应靠墙面，采用钢筋头支起固定钢筋位置。钢筋网应用钢筋头或砂浆垫块预先垫出钢筋网与墙面间的间隔层，钢筋与周边构件墙体的连接，如短钢筋、胀管螺栓与钢筋网的焊接应检查。

（3）钢筋网的安装及砂浆面层的施工，应按先基础后上部结构由下而上的顺序逐层进行；同一楼层尚应分区段加固；不得违反施工图规定的程序；

（4）钢筋网与原构件的拉结采用穿墙 S 形筋时，S 形筋应与钢筋网点焊、其点焊质量应符合现行行业标准《钢筋焊接及验收规范》的规定。

（5）钢筋网与原构件的拉结采用种植 Γ 形剪切销钉、胶粘销钉锚栓时，其孔径、孔深及间距应符合设计要求；

（6）木结构钢筋的孔洞、楼板穿筋的孔洞以及种植 Γ 形剪切销钉和尼龙锚栓的孔洞，均应采用机械钻孔。

（7）钢筋网片的钢筋间距应符合设计要求；钢筋网片间的搭接宽度不应小于 100mm；钢筋网片与原构件表面的净距应取 5mm，且仅允许有 1mm 正偏差，不得有负偏差。

（8）砌体或混凝土构件外加钢筋网的面层砂浆，其设计厚度 $t \leqslant 35$mm 时，宜分 3 层抹压；当 $t > 35$mm 时，尚应适当增加抹压层数。

（9）抹水泥砂浆时，应先在墙面刷水泥浆一道，再分层抹灰，每层厚度不应超过 15mm。各层砂浆的接茬部位必须错开，要求压平粘牢，最后一层砂浆初凝时，再压完二三遍，以增强密实度。

（10）钢筋网水泥砂浆面层加固时，钢筋网与墙面间的间隔保护层应先留出，砂浆面层一般分三层抹，第一层要求将钢丝网与砌体间的间隔空隙抹实，初凝后抹第二层，要求砂浆将钢筋网全部罩住，初凝后再抹第三层至设计厚度。

（11）面层应浇水养护，防止阳光暴晒，冬季应采取防冻措施。

第四节　外加钢筋混凝土面层加固法

一、原理

外加钢筋混凝土面层法就是通常所说的钢筋网夹板墙，加固砌体墙可大幅度提高墙体的受压、受剪承载力，大幅度提高刚度和抗震性能，该法施工工艺简单，并具有成熟的设计和施工经验，是砌体结构加固最常用的方法，但现场施工的湿作业时间长，对生产和生活有一定的影响，且加固后的建筑物面积有一定的减小。

二、材料选择及构造

（1）现浇混凝土和喷射混凝土强度等级不低于 C20，钢筋采用 HPB235 级或 HRB335 级钢筋。

（2）夹板墙的单侧厚度宜为 60～100mm，单排钢筋网时竖向筋可为 φ12，横向筋为 φ6 或采用钢筋直径相同的双向钢筋网，钢筋一般在 φ8～φ12。

（3）钢筋网竖向钢筋应与楼板或屋面板可靠连接，钢筋穿过楼板时可采用直径较大的短钢筋集中穿过，一般穿过楼板短钢筋间隔不超过 1.0m，短钢筋截面面积应不小于该范围内的竖向钢筋的截面面积，短钢筋与竖向钢筋焊接或搭接，单面焊接长度不小于 10 倍的短钢筋直径，双面焊接长度不小于 5 倍的短钢筋直径，搭接长度不小于 40 倍的短钢筋直径。

钢筋网水平钢筋应与两端原有墙体可靠连接，可以沿墙体高度设置短钢筋穿过墙体，短钢筋截面面积及间距与双向钢筋穿楼板相同。

（4）钢筋网需要通过锚筋（又称拉结筋）锚固在砌体墙内，单面夹板墙设置 L 形锚筋锚固在墙内，锚固深度不小于 120mm；双面夹板墙时 S 形锚筋穿墙，锚筋直径宜为 6～8mm，间距宜为 400～500mm。

（5）当钢筋网的横向钢筋遇有门窗洞口时，单面加固宜将钢筋穿入窗洞侧边锚固；双面加固宜将两侧横向钢筋的洞口闭合，并在洞口周围布置附加钢筋。

（6）夹板墙应设置基础，基础埋深应同原有墙基础深度，如果原基础埋深超过 1.5m，夹板墙基础深度可等于 1.5m，如果经计算原有墙基础能承担新夹板墙，夹板墙基础深度可在原基础台阶上。

三、喷射混凝土材料要求

喷射混凝土用的水泥品种和性能应优先采用硅酸盐或普通硅酸盐水泥，也可采用矿渣硅酸盐水泥或火山灰质硅酸盐水泥，当有防腐、耐高温等要求时，应采用特种水泥。水泥强度等级应不低于 32.5 级；细骨料应采用坚硬、耐火性好的中粗砂，细度模数不宜小于 2.5，使用时砂子含水率宜控制在 5%～7%；粗骨料应采用坚硬、耐久性好的卵石或碎石，粒径不应大于 12mm。当使用短纤维材料时，粗骨料粒径不应大于 10mm。不得使用含有活性二氧化硅石材制成的粗骨料，粗骨料的级配宜采用连续级配。

当喷射混凝土中掺加速凝剂时，应采用无机盐类速凝剂；掺加粉状增黏剂（黏稠剂）和膨胀剂时，在运输和存放过程中应保持干燥，防止受潮变质，过期或受潮变质的不得使用。

为防止喷射施工时混凝土回弹过多，可掺加钢纤维或合成短纤维。喷射混凝土的配合比和外加剂用量及短纤维应通过试配试喷确定，胶骨比宜为 1∶3.5～4.5，砂率宜为 0.45～0.55，水灰比宜为 0.4～0.5。

四、施工工艺

钢筋混凝土面层宜按下列顺序施工：

（1）先开挖基础，基础部分也需要绑扎钢筋、浇筑细石混凝土加固，在基础加固前将墙面纵筋植入原基础内，后用结构胶锚固。

（2）面层需要铲除抹灰层，对原墙损坏或酥松严重的部位，应进行局部清除松散部分，并用 1：3 水泥砂浆抹面修补；坏砖用环氧砂浆修补或剔除；裂缝处用压力灌浆修补，并将已松动的勾缝砂浆剔除，砖缝剔深 5mm；凿除顶板与墙交接处的抹灰，用钢丝刷将墙面刷干净并用水冲刷，不得有浮灰、尘土、损坏及裂缝，防止砖墙与混凝土剥离。

（3）钢筋严格按照设计间距，缝扎前在墙面及地面放出轴线及控制线，钻孔并安装锚筋，穿墙孔直径应比"S"形筋大 1mm，锚筋孔直径应为锚筋直径的 2～2.5 倍，其孔深应为 100～120mm，锚筋插入孔洞后，应采用水泥砂浆填实或用植筋胶锚固。

（4）水泥砂浆或植筋胶达到设计强度后方可进行绑筋施工，钢筋一般在现场加工，按实际长度下料，钢筋下料后进行编号，然后现场弹线定位，纵向筋绑扎、水平钢筋绑扎、保护层垫块，竖向钢筋应靠墙面，采用钢筋头支起，与墙面距离大于 35mm，使水平钢筋保护层厚度不小于 15mm，锚筋与钢筋网片之间采用焊接或绑扎连接，绑扎前先对预留竖筋拉通线校正，之后再接上排竖筋，水平绑扎时拉通线绑扎，保证水平一条线，竖向钢筋搭接长度为 $10d$，墙体的水平和竖向钢筋错开搭接，钢筋的相交应全部绑扎，钢筋搭接处在中心和两端用钢丝扎牢，保证原墙体与钢筋间的正确位置。

（5）网片竖向钢筋与原结构楼板通过植筋连接，钢筋网片水平钢筋与墙通过植筋连接，钢筋穿过楼板和墙后用植筋胶封堵洞口。

（6）钢筋网片绑扎要平整牢靠，绑扎后要按顺序进行检查，检查合格后方能进入下道工序。

（7）用高压水冲洗墙面，提前 1d 浇水湿润，使砖充分吸水。

（8）喷射混凝土活支模浇筑混凝土，喷射混凝土隔一定间距预先埋设定位厚度点，同时拉通线，控制墙面的平整度，窗口处用多层板挡住，避免混凝土、砂子、石子等击碎玻璃伤人，喷射混凝土采用早强型水泥，一次喷射混凝土的厚度要适中。如果一次喷射厚度太薄，骨料易反弹；如果太厚，易出现下坠、流淌等现象，喷射时间间隔不大于设计混凝土终凝时间，喷射顺序应分层分类，自下而上，喷射口与喷射面应尽量垂直，距离在 0.7～1.0m 之间，控制混凝土回弹率。喷射混凝土的墙体表面很容易粗糙不平，喷射后尽快用铝合金刮尺刮平。喷射过程中，要及时检查喷射混凝土表面是否有松动、开裂、下坠、滑移等现象，如果发生，应及时铲除重新喷射。

（9）混凝土面层应及时养护，防止阳光暴晒，喷射混凝土终凝 2h 后洒水养护，7d 内每天不少于 8 次，7d 后每天不少于 6 次，养护 15～20d，当气温低于 5℃时，不得洒水养护，需用湿草帘覆盖，并应采取防冻措施。

（10）每工作班留做试块不少于两组：一组为现场同条件试块，一组为标准养护 28d 试块。

第五节　加大截面加固法

一、概述

采用钢筋混凝土增大砌体柱的截面面积，或采用钢筋网砂浆加大砌体柱的截面面积，均可显著提高构件承载能力和变形能力，这种方法适用于砌体承载力不足而裂缝尚属轻微，要求扩大的面积不是很大的情况。一般的墙体、砖柱均可采用此法。

砌体柱抗震能力很低，在水平荷载作用下一旦开裂，即为破坏，属于脆性破坏，采用钢筋混凝土围套加固或钢筋网砂浆面层加固，可大幅度提高其开裂荷载和破坏荷载，由于周围约束的作用，其砌体强度可提高 1.0～1.5 倍。

二、加固材料及构造

砂浆强度等级大于 M10，砂浆层厚度应不小于 40mm；新增混凝土强度等级应大于

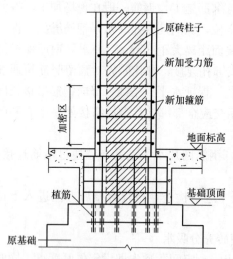

图 5-6 增大截面加固柱基础

C20，混凝土层的最小厚度，采用人工浇筑时，不应小于 60mm；采用喷射混凝土施工时，不应小于 50mm；加固用的钢筋，应采用热轧钢筋，受力钢筋直径不应小于 14mm，箍筋直径不应小于 8mm，间距不宜大于 250mm，并在柱顶和柱底加密；当用混凝土围套加固时，应设置环形箍筋，如图 5-6 所示，由于箍筋的约束作用有效地提高了构件的承载能力。箍筋的体积配箍率不应低于 0.1%。原柱截面尺寸大于 490mm² 时，宜设置锚筋与砖柱连接，锚筋间距不大于 500mm。

柱的新增纵向受力钢筋的下端应伸入基础，并应满足锚固要求，如图 5-6 所示。上端应穿过楼板与上层柱脚连接或在屋面板处封顶锚固。

加固后通常可考虑新旧砌体共同工作，要求新旧砌体有良好的结合。为此，常采用以下两种方法：

（1）新旧砌体咬槎结合　如图 5-7（a）所示，在旧砌体上每隔 4～5 皮砖，剔去旧砖成 120mm 深的槽，砌筑扩大砌体时应将新砌体与之仔细连接，新旧砌体成锯齿形咬槎，可以保证共同工作。

（2）插筋连接　在原有砌体上每隔 5～6 皮砖，在灰缝内打入 $\phi 6$ 钢筋，也可以用冲击钻在砖上打洞，用 M5 砂浆植筋，砌筑砌体时，钢筋嵌于灰缝之中，如图 5-7（b）所示。

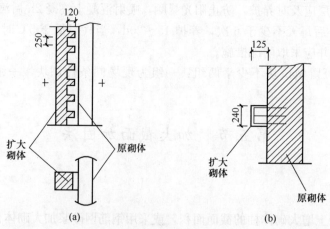

图 5-7 扩大砌体截面加固构造

无论是咬槎连接还是插筋连接，原砌体上的面层必须剥去，砌体表面的粉尘必须洗干净并湿润后再砌扩大砌体。

三、施工要点

(1) 原构件表面处理，清除原装置层和抹灰层，清理干净。

(2) 新设受力筋除锈处理，绑扎钢筋，必要时对上部荷载卸荷或支顶后焊接。

(3) 砖柱表面涂混凝土界面剂处理。

(4) 采用喷射混凝土或支模浇筑混凝土施工。

第六节 增加圈梁或拉杆加固法

一、概述

当纵横墙连接较差时，可采用钢拉杆、长锚杆、外加柱或外加圈梁等加固。当以上设置不符合鉴定要求时，应增设圈梁。外墙圈梁宜采用现浇钢筋混凝土，内墙圈梁可用钢拉杆或在圈梁端加锚杆代替。增设时可在墙体凿通一洞口（宽 120mm），在浇筑圈梁时，同时镶入混凝土使圈梁咬合于墙体上。具体做法如图 5-8 所示。

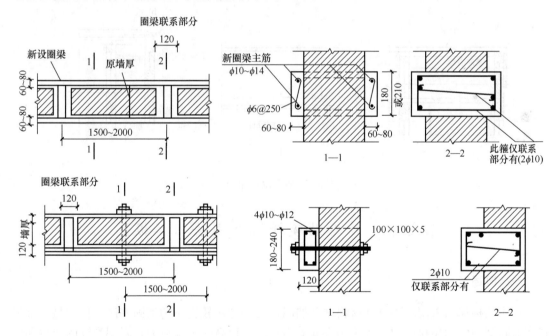

图 5-8 加固砌体的圈梁

二、圈梁加固施工要求

(1) 增设圈梁应优先选用现浇钢筋混凝土圈梁，在特殊情况下，也可采用型钢圈梁。

(2) 混凝土强度等级不应低于 C20，圈梁截面高度不应小于 180mm，宽度不应小于 120mm。

（3）外加圈梁应在同一水平标高闭合。

（4）增设圈梁应与墙体有可靠连接。

三、增设拉杆施工要求

墙体因受水平推力、基础不均匀沉降或温度变化引起的伸缩等原因而产生外闪，或者因内外墙咬槎不良而裂开，可以增设拉杆，如图 5-9 所示。拉杆可采用圆钢或型钢@200～250mm。为了使圈梁与墙体很好结合，可用螺栓、插筋锚入墙体，每隔 1.5～2.5m 如果采用钢筋拉杆，应当通长拉结，并可沿墙的两边设置。对较长的拉杆，中间应设花篮螺栓，以便拧紧拉杆。拉杆接长时可用焊接。露在墙外的拉杆或垫板螺母，应做防锈处理，为了美观，也可适当做些建筑处理。增设拉杆的同时也可以同时增设圈梁，以增强加固效果，并且要将拉杆的外部埋入圈梁中。

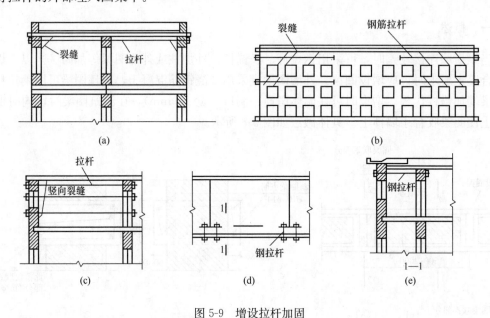

图 5-9　增设拉杆加固

第七节　外粘贴碳纤维加固法（楼板）

一、概述

砌体结构加固采用纤维增强材料粘贴加固，是一种比较新型的加固方法，作用是纤维材料在加固结构中承担拉应力，改善构件的受力状态，提高受剪承载力，限制裂缝的产生和发展，提高抗裂性能。应用于砌体结构加固的纤维增强复合材料一般为片材、纤维布或纤维板，布或板的幅宽越大，加固的作用越明显。

1. 外粘贴碳纤维加固法特点

（1）单向抗拉强度高，是普通钢筋的 10 倍左右；质量轻，质量只有普通钢筋的 1/4；弹性模量高，尤其是高弹性模量的碳纤维片材，在加固结构中能发挥较大的作用；

（2）适用于潮湿、侵蚀性环境中，因纤维增强复合材料和粘结用树脂化学性能稳定，能抵抗酸、碱、盐和水的侵蚀，防水效果好，抗腐蚀性能好；抗疲劳性能好，广泛应用于桥梁等工程；

（3）施工性能超群，易于剪裁，对所需的形状和尺寸有很高的适应能力；体积小，对施工的操作空间要求可达到最低限度；

（4）质量轻，可手工操作，不需要大型的机具、设备；

（5）在结构表面粘贴，施工速度快、周期短，对加固结构的生活、生产影响小，且几乎不增加原结构的质量。这种加固方法具有不破坏原结构，施工面平的优点。加工完成后，无须再投入维修用，使用寿命长。

2. 外粘贴碳纤维加固应用

柱的抗剪加固，环绕形粘贴在构件四周、U 形粘贴在梁的两个侧面和底面或粘贴在构件侧面，提高受剪承载力和抗震能力，提高柱的延性；抗震墙加固是纵横向或斜向交叉分条粘贴在墙的侧面，与水平力作用下砌体中的主应力方向相应，使砌体受力更均匀，对砌体的有效约束面积增大，有利于维持砌体的整体性，提高砌体的抗剪能力，从而使得砌体加固效果更明显。提高抗弯、抗剪能力，增大砌体的延性；在特种结构加固中应用，如壳体、隧道、筒仓、烟囱等工程中应用，以及修补裂缝，骑缝粘贴在构件的裂缝表面，分担裂缝处的应力。

二、碳纤维片材加固施工工艺

施工的顺序：砌体表面打磨平整，转角处打磨成圆弧形，裂缝修补，基层清理干净；涂刷底层树脂使其渗入砌体基层；干燥后削平凸出部分，用找平材料将砌体表面凹陷部位填补平整；然后将碳纤维布用浸渍树脂或粘结树脂粘贴；树脂初期硬化后，根据装饰和防护要求做表面涂装。

（1）把构件表面装饰层和抹灰层凿掉，用压缩空气将表面浮尘清除干净，疏松、损伤部位应用环氧砂浆修补平整，裂缝部位应进行封闭处理或灌浆处理。

（2）表面找平：砌体表面凹陷部位用修补胶填平，有高度差的部位应用修补胶填补，尽量减少高度差，转角的处理应用整平胶料将其修补为光滑的圆弧，半径不小于 10mm。砌体表面凸出部位用砂轮磨平。

（3）涂底胶：先在砌体表面均匀饱满地涂一层界面剂，然后再涂刷胶粘剂，将胶粘剂甲乙组分需按说明书比例的质量称好，放在洁净的容器中调合均匀，用刮板将它均匀地涂在砌体表面，待其固化后（固化时间视现场气温而定，以指触干燥为准）再进行下一工序施工，调好的底胶须在规定的时间内用完，一般情况下 40min 内用完。

（4）粘贴碳纤维布：按设计要求的尺寸裁剪碳纤维布。配好的胶放在洁净的容器中调合均匀，用刮板将胶均匀地涂刮在底胶上需粘贴碳纤维布处，随即把按设计要求已裁剪好的碳纤维布粘贴在设计部位，然后用专用滚子沿碳纤维布的受力方向来回滚压，挤出气泡，在搭接、拐角部位适当多涂抹一些。待指触干燥后，即可进行第二道碳纤维布的粘贴，方法同第一道。碳纤维布的搭接长度一般为 100mm，端部用横向碳纤维布固定。

（5）碳纤维布粘贴完毕，待指压干燥后，再刮涂一层面胶，来回滚压，使胶充分渗入到碳纤维布中。

（6）待面胶指触干燥后，在最外一层碳纤维布的外表面均匀涂抹一层粘贴胶料，有利于表面保护层（防火涂料或水泥砂浆）。

第八节 砌体柱外加预应力撑杆加固法

一、砌体柱外加撑杆施工程序

（1）清理原结构、构件。

（2）画线标定预应力撑杆的位置。

（3）制作撑杆（含传力构造）及张拉装置。

（4）剔除有碍安装的局部砌体并加以补强。

（5）安装撑杆及张拉装置。

（6）施加预应力（预顶力）。

（7）焊接固定撑杆。

（8）施工质量检验。

（9）防护面层施工。

二、施工方法

1. 界面处理

（1）将砌体构件表面打磨平整，截面四个棱还应打磨成圆角，其半径 r 约取 $15\sim$ 25mm，以角钢能贴原构件表面为度。

（2）当原构件的砌体表面平整度很差，且打磨有困难时，在原构件表面清理洁净并剔除勾缝砂浆后，采用 M15 级水泥。

2. 撑杆制作

（1）预应力撑杆及其部件宜在现场就近制作。制作前应在原构件表面画线定位，并按实测尺寸下料、编号。

（2）撑杆的每侧杆肢由两根角钢组成，并以钢缀板焊接成槽形截面组合肢（简称组合肢）。

（3）在组合肢中点处，应将角钢侧立翼板切割出三角形缺口，并将组合肢整体弯折成设计要求的形状和尺寸。然后在弯折角钢另一完好翼板的该部位，用补强钢板焊上。补强钢板的厚度应符合设计要求。

（4）撑杆组合肢的上下端应焊有钢制抵承板（传力顶板），抵承板尺寸和板厚应符合设计要求，且板厚不应小于 14mm。抵承板与承压板及撑杆肢的接触面应经刨平。

（5）当采用埋头锚栓与上部混凝土构件锚固时，宜采用角钢制成；当采用一般锚栓时，应将承压板做成槽形（图 5-10），套在上部混凝土构件上，从两侧进行锚固。承压板的厚度应符合设计要求。承压板与抵承板相互顶紧的面，应锯刨平。

（6）预应力撑杆的横向张拉在补强钢板钻孔（图 5-11），穿以螺杆，通过收紧螺杆建立预应力。张拉用的螺杆，其净直径不应小于 18mm；其螺母高度不应小于 $1.5d$ （d 为螺杆公称直径）。

3. 撑杆安装与张拉

撑杆的安装与张拉应符合下列规定：

（1）安装撑杆前，应先安装上下两端承压板。承压板与相连板件（如混凝土梁）的接触面应涂抹快固型结构胶，并用化学螺栓以锚固。

（2）安装两侧的撑杆组合肢，应使其抵紧于承压板上，用穿在抵承板中的安装螺杆进行临时固定。

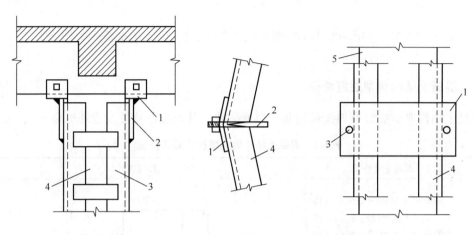

图 5-10　柱端处撑杆承力构造　　　　图 5-11　预应力撑杆横向张拉构造

1—槽形承压板；2—抵承板（传力顶板）；　1—补强钢板；2—拉紧螺栓；3—钻孔（供穿拉紧螺栓用）；

3—撑杆组合肢；4—被加固砌体柱　　　　4—撑杆；5—被加固砌体柱

（3）按张拉方案，同时收紧安装在补强钢板两侧的螺杆，进行张拉。横向张拉量 ΔH 的控制，应以撑杆开始受力的值作为拉杆的起始点。为此，宜先拧紧螺杆，再逐渐放松，直至撑杆复位，且以还能抵承，但无松动感为度；此时的测试读数值作为横向张拉量 ΔH 的起点。

（4）横面张拉结束后，应用缀板焊连两侧撑杆组合肢。焊接方式可采取上下缀板、连接板轮流施焊或同一板上分段施焊等措施，以防止预应力受热损失。焊好缀板后，撑杆与被加固柱之间采用螺杆连接，施加预应力值，使预应力撑杆建立的预应力不应大于加固柱的恒载标准值的 90％。

第六章　混凝土结构裂缝修补

第一节　混凝土结构典型裂缝特征、分类与检测

一、混凝土结构典型裂缝特征

混凝土结构典型裂缝有典型荷载和非典型荷载。其原因、特征及表现见表 6-1、表 6-2。

表 6-1　混凝土结构的典型荷载裂缝特征

原因	裂缝主要特征	裂缝表现
轴心受拉	裂缝贯穿结构全截面，大体等间距（垂直于裂缝方向）；用带肋筋时，裂缝间出现位于钢筋附近的次裂缝	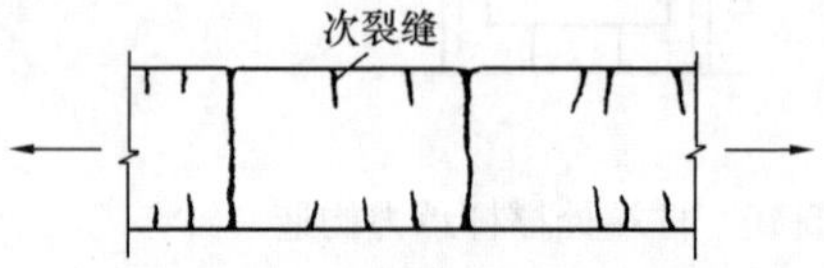
轴心受压	沿构件出现短而密的平行于受力方向的裂缝	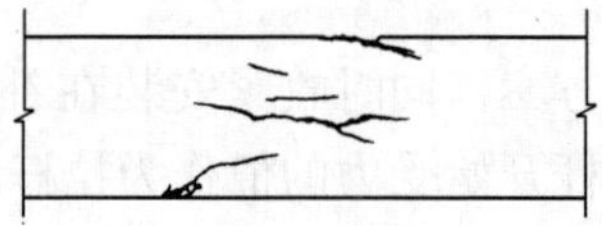
偏心受压	弯矩最大截面附近从受拉边缘开始出现横向裂缝，逐渐向中和轴发展；用带肋钢筋时，裂缝间可见短向次裂缝	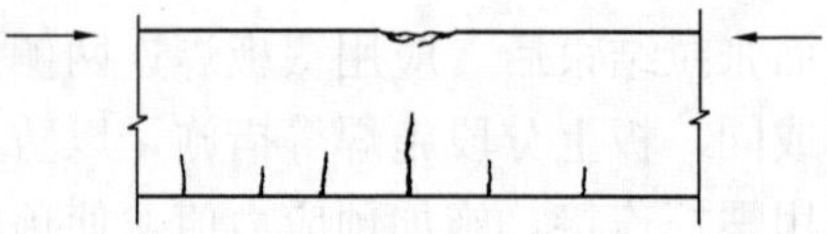
	沿构件出现短而密的平行于受力方向的裂缝，但发生在压力较大一侧，且较集中	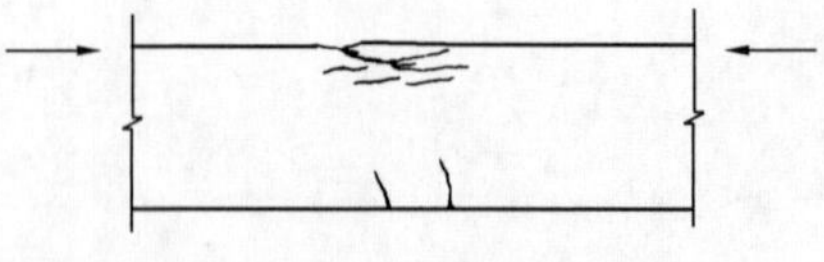
局部受压	在局部受压区出现大体与压力方向平行的多条短裂缝	
受弯	弯矩最大截面附近从受拉边缘开始出现横向裂缝，逐渐向中和轴发展，受压区混凝土压陷	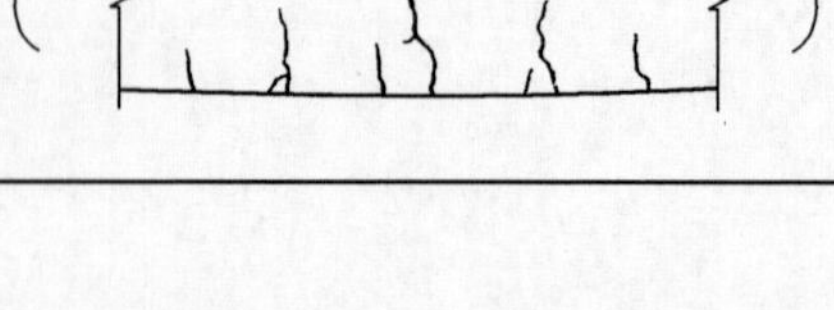

106

原因	裂缝主要特征	裂缝表现
受剪	沿梁端中下部发生约 45°方向相互平行的斜裂缝	
	沿悬臂剪力墙支承端受力一侧中下部发生一条约 45°方向的斜裂缝	
受扭矩	某一面腹部先出现多条约 45°方向斜裂缝，向相邻面以螺旋方向展开	
受冲切	沿柱头板内四侧发生 45°方向的斜裂缝；沿柱下基础体内柱边四侧发生 45°方向斜裂缝	

表 6-2　混凝土结构的典型非荷载裂缝特征

原因	一般裂缝特征	裂缝表现
（1）框架结构一侧下沉过多	框架梁两端发生裂缝的方向相反（一端自上而下，另一端自下而上）；下沉柱上的梁柱接头处可能发生细微水平裂缝	
（2）梁的混凝土收缩和温度变形	沿梁长度方向的腹部出现大体等间距的横向裂缝，中间宽、两头尖，呈枣核形，至上下纵向钢筋处消失，有时出现整个截面裂通的情况	
（3）混凝土内钢筋锈蚀膨胀引起混凝土表面出现胀裂	形成沿钢筋方向的通长裂缝	
（4）板的混凝土收缩和温度变形	沿板长度方向出现与板跨度方向一致的大体等间距的平行裂缝，有时板角出现斜裂缝	
（5）混凝土浇筑速度过快	浇筑 1~2h 后在板与墙、梁，梁与柱交接部位的纵向裂缝	
（6）水泥安定性不合格或混凝土搅拌、运输时间过长，使水分蒸发，引起混凝土浇筑时坍落度过低；或阳光照射、养护不当	混凝土中出现不规则的网状裂缝	
（7）混凝土初期养护时急骤干燥	混凝土与大气接触面上出现不规则的网状裂缝	类似本表（6）

续表

原因	一般裂缝特征	裂缝表现
（8）用泵送混凝土施工时，为了保证流动性，增加水和水泥用量，导致混凝土凝结硬化时收缩量增加	混凝土中出现不规则的网状裂缝	类似本表（6）
（9）木模板受潮膨胀上拱	混凝土板面产生上宽下窄的裂缝	
（10）模板刚度不够，在刚浇筑混凝土的（侧向）压力作用下发生变形	混凝土构件出现与模板变形一致的裂缝	模板变形　模板变形
（11）模板支撑下沉或局部失稳	已浇筑成型的构件产生相应部位的裂缝	自然地面浸水下沉　基槽回填土浸水下沉

二、裂缝分类

1. 荷载裂缝

荷载裂缝是荷载（包括地震作用）直接作用下，房屋结构构件由于承载力不足或抗裂能力不足，而产生的裂缝，如图 6-1～图 6-4 所示。

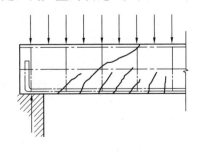

图 6-1　混凝土梁受弯裂缝

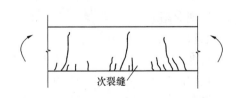

次裂缝

图 6-2　混凝土梁受剪裂缝

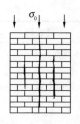
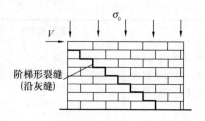

图 6-3　砌体墙受压裂缝　　　　　　图 6-4　砌体墙受剪产生的沿灰缝处裂缝

2. 非荷载裂缝

非荷载裂缝是除荷载裂缝以外的其他所有裂缝，主要表现为温度裂缝，收缩、干缩、膨胀和不均匀沉降等因素引起的裂缝，如图 6-5～图 6-8。

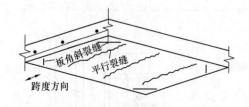
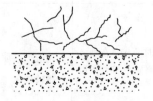

图 6-5　混凝土收缩和温度变形裂缝　　图 6-6　水泥安定性不合格或混凝土搅拌、
　　　　　　　　　　　　　　　　　　　　　运输时间过长产生的裂缝

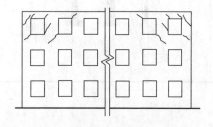
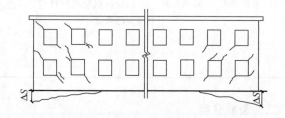

图 6-7　温差、砌体干缩裂缝　　　　图 6-8　不均匀沉降产生的裂缝

三、裂缝检测

1. 地构裂缝的检测内容

（1）部位。

（2）外观形态。

（3）数量。

（4）长度。

（5）宽度。

（6）深度。

（7）动态观测。

2. 裂缝检测与处理程序（图6-9）

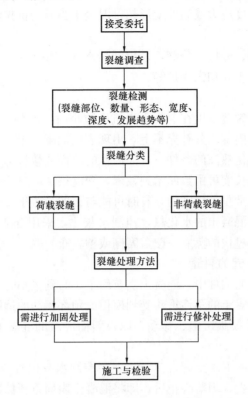

图 6-9　房屋裂缝的检测与处理程序

第二节　混凝土结构产生裂缝的危害、原因及措施

一、混凝土结构产生裂缝的危害

裂缝的出现给结构带来了一系列的劣化作用，具体如下：

（1）贯穿性裂缝改变了结构的受力模式，降低了混凝土结构的整体稳定性，有可能使结构的承载能力受到威胁。

（2）对于挡水结构及地下结构，贯穿性裂缝会引起渗漏，严重时影响结构的正常使用。非贯穿性裂缝会由于渗透水压力的作用而使得裂缝呈不稳定发展趋势，促使贯穿性裂缝的出现。此外，渗透水的冻融作用还会导致结构发生严重破坏。

（3）裂缝的开展使结构在偶然荷载（地震）作用下易于破坏，降低结构的安全度。

（4）过宽的裂缝会导致结构耐久性下降。

二、混凝土结构产生裂缝的原因及措施

1. 大体积混凝土水化热引起的裂缝

（1）原因：大体积混凝土凝结和硬化过程中，水泥与水产生化学反应，释放出大量的热量，称为"水化热"，导致混凝土块体温度升高。当混凝土块体内部的温度与外部环境温度相差很大，以致形成的温度应力或温度变形超过混凝土当时的抗拉强度或极限拉伸值时，就会产生裂缝。

（2）措施合理的分层、分块、分缝，采用低热水泥，添加掺合料（例如粉煤灰），埋冷却水管，预冷骨料，预冷水，加强养护等。

2. 塑性收缩裂缝

（1）原因：塑性收缩裂缝发生在混凝土浇筑后数小时，混凝土仍处于塑性状态的时刻。在初凝前因表面蒸发快，内部水分补充不上，出现表层混凝土干缩，生成网状裂缝。在炎热或大风天气以及混凝土水化热高的条件下，大面积的路面或楼板都容易产生这种裂缝。这类裂缝的宽度可大可小，其长度可由数厘米到数米，深度很少超过 5cm，但是薄板也有可能被裂穿。裂缝分布的形状通常是不规则的，有时可能与板的长边正交。

（2）措施：尽量降低混凝土的水化热，控制水灰比，采用合适的搅拌时间和浇筑措施，以及防止混凝土表面水分过快的蒸发（覆盖席棚或塑料布）等。

3. 混凝土塑性坍落引起的裂缝

（1）原因：在大厚度的构件中，混凝土浇筑后半小时到数小时即可发生混凝土塑性坍落引起的裂缝，其原因是混凝土的塑性坍落受到模板或顶部钢筋的抑制，或是在过分凸凹不平的基础上进行浇筑，或是模板沉陷、移动，以及斜面浇筑的混凝土向下流淌，使混凝土发生不均匀的坍落所致。

（2）措施：采用合适的混凝土配合比（特别要控制水灰比），防止模板沉陷，合适的振捣和养护等。在裂缝刚发生，坍落终止后，即将混凝土表面重新抹面压光，可使此类裂缝闭合。若发现较晚，混凝土已硬化，则需对这种顺筋裂缝采取措施，以防钢筋锈蚀。

4. 混凝土干缩引起的裂缝

（1）原因：普通混凝土在硬化过程中，要产生由于干缩而引起的体积变化。当这种体积变化受到约束时，例如两端固定梁，或是高配筋率的梁，或是浇筑在老混凝土上或坚硬岩基上的新混凝土，都可能产生这种裂缝。这种裂缝的宽度有时很大，甚至会贯穿整个结构。

（2）措施：改善水泥性能，合理减少水泥用量，降低水灰比，对结构合理分缝，配筋率不要过高等，而加强潮湿养护尤为重要。

5. 碱-骨料反应引起的裂缝

碱-骨料反应所形成的裂缝，在无筋或少筋混凝土中为网状（龟背状）裂缝，在钢筋混凝土结构中，碱-骨料反应受到钢筋或外力约束时，其膨胀力将垂直于约束力的方向，膨胀裂缝则平行于约束力的方向。

混凝土裂缝是否属于碱-骨料反应损伤，除由外观检查外，还应通过取芯检验，综合分析，作出估和相应的建议。

碱-骨料反应裂缝与收缩裂缝的区别：裂缝出现较晚，多在施工后数年到一、二十年后。在受约束的情况下，碱-骨料反应膨胀裂缝平行于约束方向，而收缩裂缝则垂直于约束力方向。碱-骨料反应裂缝出现在同一工程的潮湿部位，湿度愈大，愈严重，而同一工程的干燥部位则无此种裂缝。碱-骨料反应产物碱硅凝胶有时可顺裂缝渗流出来，凝胶多为半透明的乳白色、黄褐色或黑色状物质。

6. 外界温度变化引起的裂缝

（1）原因：混凝土结构突然遇到短期内大幅度的降温，例如寒潮的袭击，会产生较大的内外温差，引起较大的温度应力而使混凝土开裂。海下石油储罐、混凝土烟囱、核反应堆容器等承受高温的结构，也会因温差引起裂缝。

（2）措施：对于突然降温，要注意天气预报，采取防寒措施，对于高温要采取隔热措施，或是合适的配筋及施加预应力等。对于长度长的墙式结构，则要与防止混凝土干缩裂缝一起考虑，设置温度-干缩构造缝。

7. 结构基础不均匀沉陷引起的裂缝

（1）原因：超静定结构的基础沉陷不均匀时，结构构件受到强迫变形，而使结构构件开裂，随着不均匀沉陷的进一步发展，裂缝会是一步扩大。

（2）措施：根据地基条件和结构形式，采取合理的构造措施，例如设置沉陷缝等。

8. 钢筋腐蚀引起的裂缝

钢筋混凝土构件处于不利环境，例如容易碳化或渗入氯离子和氧（溶于海水中）的海洋环境。当混凝土保护层过薄，特别是混凝土的密实性不良时，埋在混凝土中的钢筋将生锈，即产生氧化铁。氧化铁的体积比原来未锈蚀的金属大很多，铁锈体积膨胀，对周围混凝土挤压，使其胀裂，这种裂缝通常是"先锈后裂"，其走向沿钢筋方向，称为"顺筋裂缝"，比较容易识别。"顺筋裂缝"发生后，更加速了钢筋腐蚀，最后导致混凝土保护层成片剥落，这种"顺筋裂缝"对耐久性的影响较大。

9. 荷载作用引起的裂缝

构件承受不同性质的荷载作用，其裂缝形状也不同，如图 6-10 所示。通常裂缝的方向大致是与主拉应力方向正交。

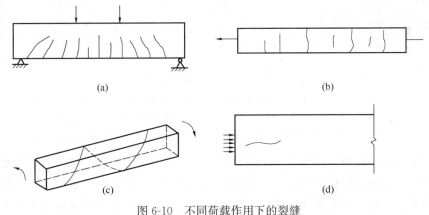

(a)　　　　　　　　　　　　　　　(b)

(c)　　　　　　　　　　　　　　　(d)

图 6-10　不同荷载作用下的裂缝

（a）弯曲裂缝；（b）轴心受拉裂缝；（c）受扭裂缝；（d）局部荷载下的裂缝

第三节　混凝土结构裂缝修补方法

一、表面封闭法修补

1. 表面涂抹水泥水浆

将裂缝附近的混凝土表面凿毛，或沿裂缝（深进的）凿成深 15～20mm、宽 150～

200mm 的凹槽，扫净并洒水湿润，先刷水泥净浆一遍，然后用 1：（1～2）水泥砂浆分 2～3 层涂抹，总厚控制在 10～20mm，并用铁抹压实抹光。有防水要求时，应用水泥净浆（厚 2mm）和 1：2.5 水泥砂浆（厚 4～5mm）交替抹压 4～5 层刚性防水泥，涂抹 3～4h 后进行覆盖，洒水养护。在水泥砂浆中掺入水泥质量 1‰～3‰ 的氯化铁防水剂，可以起到促凝和提高防水性能的效果。为使砂浆与混凝土表面结合良好，抹光后的砂浆面应覆盖塑料薄膜，并用支撑模板顶紧加压。

2. 表面涂抹环氧胶泥或用环氧粘贴玻璃布

涂抹环氧胶泥前，先将裂缝附近 80～100mm 宽度范围内的灰尘、浮渣用压缩空气吹净，或用钢丝刷、砂纸、毛刷清除干净并洗净，油污可用二甲苯或丙酮擦洗一遍。若表面潮湿，应用喷灯烘烤干燥、预热，以保证环氧胶泥与混凝土粘结良好；若基层难以干燥，则用环氧煤焦油胶泥（涂料）涂抹。较宽的裂缝应先用刮刀填塞环氧胶泥。涂抹时，用毛刷或刮板均匀蘸取胶泥，并涂刮在裂缝表面。采用环氧粘贴玻璃布方法时，玻璃布使用前应在水中煮沸 30～60min，再用清水漂净并晾干，以除去油蜡，保证粘结，一般贴 1～2 层玻璃布。第二层布的周围应比下面一层宽 10～15mm 以便压边。

3. 表面凿槽嵌补

沿混凝土裂缝凿一条深槽，其中 V 形槽用于一般裂缝的治理，U 形槽用于渗水裂缝的治理。槽内嵌水泥砂浆或环氧胶泥、聚氯乙烯胶泥、沥青油膏等，表面作砂浆保护层，具体构造处理如图 6-11 所示。

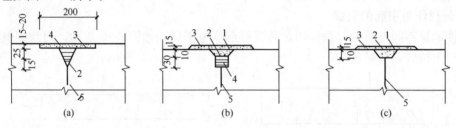

图 6-11　表面凿槽嵌补裂缝的构造处理

（a）一般裂缝处理；（b）、（c）渗水裂缝处理

1—水泥净浆（厚 2mm）；2—1：2 水泥砂浆或环氧胶泥；

3—1：2.5 水泥砂浆或刚性防水五层做法；4—聚氯乙烯胶泥或沥青油膏；5—裂缝

槽内混凝土面应修理平整并清洗干净，不平处用水泥砂浆填补。保持槽内干燥否则应先导渗、烘干，待槽内干燥后再行嵌补。环氧煤焦油胶泥，可在潮湿情况下填补，但不能有淌水现象。嵌补前，先用素水泥浆或稀胶泥在基层刷一道，再用抹子或刮刀将砂浆（或环氧胶泥、聚氯乙烯胶泥）嵌入槽内压实，最后用 1：2.5 水泥砂浆抹平压光。在侧面或顶面嵌填时，应使用封槽托板（做成凸字形表面钉薄钢板）逐段嵌托并压紧，待凝固后再将托板去掉。

二、压力注浆法修补

1. 水泥灌浆

一般用于大体积构筑物裂缝的修补，主要施工程序包括以下各项：

（1）钻孔。采用风钻或打眼机钻孔，孔距 1～1.5m 除浅孔采用骑缝孔外，一般钻孔轴线与裂缝呈 30°～45°斜角，如图 6-12 所示。孔深应穿过裂缝面 0.5m 以上，当有两排或两排以上的孔时，应交错或呈梅花形布置，但应注意防止沿裂缝钻孔。

（2）冲洗。每条裂缝钻孔完毕后，应进行冲洗，其顺序按竖向排列自上而下逐孔进行。

（3）止浆及堵漏。缝面冲洗干净后，在裂缝表面用 1：1～1：2 水泥砂浆，或用环氧胶泥涂抹。

（4）埋管。一般用直径 19～38mm、长 1.5m 的钢管作灌浆管（钢管上部加工丝扣）。安装前应在外壁裹上旧棉絮并用麻丝缠紧，然后旋入孔中。孔口管壁周围的孔隙可用旧棉絮或其他材料塞紧，并用水泥砂浆或硫黄砂浆封堵，以防冒浆或灌浆管从孔口脱出。

（5）试水。用 0.1～0.2MPa 压力水作渗水试验。采取灌浆孔压水、排气孔排水的方法，检查裂缝和管路畅通情况。然后关闭排气孔，检查止浆堵漏效果，并湿润缝面，以利粘结。

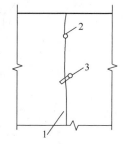

图 6-12 钻孔示意图
1—裂缝；2—骑缝孔；
3—斜孔

（6）灌浆。应采用普通水泥，细度要求经 6400 孔/cm² 筛孔，筛余量在 2% 以下。可使用 2：1、1：1 或 0.5：1 等几种水灰比的水泥净浆或 1：0.54：0.3（水泥：粉煤灰：水）水泥粉煤灰浆。灌浆压力一般为 0.3～0.5MPa。压完浆孔内应充满灰浆，并填入湿净砂用棒捣实。每条裂缝应按压浆顺序依次进行。若出现大量渗漏情况，应立即停泵堵漏，然后再继续压浆。

2. 化学灌浆

化学灌浆与水泥灌浆相比，具有可灌性好，能控制凝结时间，以及有较高的粘结强度和一定的弹性等优点，所以恢复结构整体性的效果较好，适用于各种情况下的裂缝修补及堵漏、防渗处理。

灌浆材料应根据裂缝的性质、缝宽和干燥情况选用。常用的灌浆材料有环氧树脂浆液（能修补缝宽 0.2mm 以下的干燥裂缝）、甲凝（能灌 0.03～0.1mm 的干燥细微裂缝）、丙凝（用于渗水裂缝的修补、堵水和止漏，能灌 0.1mm 以下的细裂缝）等。环氧树脂浆液具有化学材料较单一，易于购买，施工操作方便，粘结强度高，成本低等优点，所以应用最广，也是当前国内修补裂缝的主要材料。

甲凝、丙凝由于材料较复杂，资源困难，且价格昂贵，因此使用较少，其灌浆工艺与环氧树脂浆液基本相同。

环氧树脂浆液系由环氧树脂（胶粘剂）、邻苯二甲酸二丁酯（增塑剂）、二甲苯（稀释剂）、乙二胺（固化剂）及粉料（填充料）等配制而成。配制时，先将环氧树脂、邻苯二甲酸二丁酯、二甲苯按比例称量，放置在容器内，于 20～40℃ 条件下混合均匀，然后加入乙二胺搅拌均匀即可使用。环氧浆液灌浆工艺流程及设备如图 6-13 所示。

灌浆操作主要工序如下：

（1）表面处理。同环氧胶泥表面涂抹。

（2）布置灌浆嘴和试气。一般采取骑缝直接用灌浆嘴施灌，而不另钻孔。灌浆嘴用 φ12 薄钢管制成，一端带有钢丝扣以连接活接头，应选择在裂缝较宽处、纵横裂缝交错处以及裂缝端部设置，间距为 40～50cm，灌浆嘴骑在裂缝中间。贯通裂缝应在两面交错设置。灌浆嘴用环氧腻子贴在裂缝压浆部位。腻子厚 1～2mm，操作时要注意防止堵塞裂缝。裂缝表面可用环氧腻子（或胶泥）或早强砂浆进行封闭。待环氧腻子硬化后，即可进行试气，了解缝

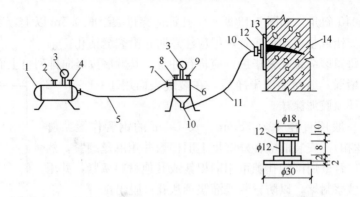

图 6-13　环氧浆液灌浆工艺流程及设备

1—空气压缩机或和压泵；2—调压阀；3—压力表；4—送气阀；5—高压风管
（氧气带）；6—压浆罐；7—进气嘴；8—进气罐口；9—出气阀；10—铜活接头；
11—高压塑料透明管；12—灌浆嘴；13—环氧封闭带；14—裂缝

面通顺情况。试气时，气压保持 0.2～0.4MPa，垂直缝纵下往上，水平缝从一端向另一端。在封闭带边上及灌浆嘴四周涂肥皂水检查，若发现泡沫，表示漏气，应再次封闭。

（3）灌浆及封孔。将配好的浆液注入压浆罐内，旋紧罐口，先将活头接在第一个灌浆嘴上，随后开动空压机（气压一般为 0.3～0.5MPa）进行送气，即将环氧浆液压入裂缝中，经 3～5min，待浆液顺次从邻近灌浆嘴喷出后，即用小木塞将第一个灌浆孔封闭。然后按同样方法依次灌注其他嘴孔。为保持连续灌浆，应预备适量的未加硬化剂的浆液，以便随时加入乙二胺随时使用。灌浆完毕，应及时用压缩空气将压浆罐和注浆管中残留的浆液吹净，并用丙酮冲洗管路及工具。环氧浆液一般在 20～25℃下，经 16～24h 即可硬化。在浆液硬化 12～24h 后，可将灌浆嘴取下重复使用。灌浆时，操作人员要带防毒口罩，以防中毒。配制环氧浆液时，应根据气温控制材料温度和浆液的初凝时间（1h 左右），以免浪费材料。在缺乏灌浆泵时，较宽的平、立面裂缝亦可用手压泵或兽医用注射器进行。

三、填充密封法修补

填充密封法适合于修补中等宽度的混凝土裂缝，将裂缝表面凿成凹槽，然后用填充材料进行修补。对于稳定性裂缝，通常用普通水泥砂浆、膨胀砂浆或树脂砂浆等刚性材料填充；对于活动性裂缝则用弹性嵌缝材料填充，具体做法如下：

1. 刚性材料填充法施工要点

（1）沿裂缝方向凿槽，缝口宽不小于 6mm。

（2）清除槽口油、污物、石屑、松动石子等，并冲洗干净。

（3）采用水泥砂浆填充（槽口湿水）或采用环氧胶泥、热焦油、聚酯胶、乙烯乳液砂浆充填（槽口应干燥）。

2. 弹性材料填充法施工要点

（1）沿裂缝方向凿一个矩形槽，槽口宽度至少为裂缝预计张开量的 4～6 倍以上，以免嵌缝料过分挤压而开裂。槽口两侧应凿毛，槽底平整光滑，并设隔离层，使弹性密封材料不直接与混凝土粘结，避免密封材料被撕裂。

（2）冲洗槽口，并使其干燥。

（3）嵌入聚乙烯片、蜡纸、油毡、金属片等类隔离层材料。

（4）填充丙烯酸树脂或硅酸酯、聚硫化物、合成橡胶等弹性密封材料。

3. 刚、弹性材料填充法施工要点

刚、弹性材料填充法适于裂缝处有内水压或外水压的情况，作法如图 6-14 所示。槽口深度等于砂浆填塞料与胶质填塞料厚度之和，胶质填塞料厚度通常为 6～40mm，槽口厚度不小于 40mm，槽口宽度为 50～80mm，封填槽口时必须清洁干燥。

在相应裂缝位置的砂浆层上应做楔形松弛缝，以适应裂缝的张合运动。

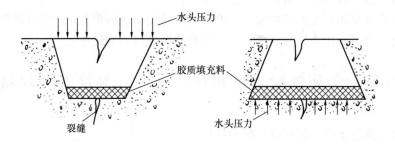

图 6-14　有水压时裂缝的填充

四、混凝土结构裂缝施工处理与检验

1. 采用注射法施工时，应按下列要求进行处理及检验

（1）在裂缝两侧的结构构件表面应每隔一定距离粘接注射筒的底座，并沿裂缝的全长进行封缝。

（2）封缝胶固化后方可进行注胶操作。

（3）灌缝胶液可用注射器注入裂缝腔内，并应保持低压，稳压。

（4）注入裂缝有胶液固化后，可撤除注射筒及底座，并用砂轮磨平构件表面。

（5）采用注射法的现场环境温度及构件温度不宜低于12℃，且不应低于 5℃。

此方法适用于宽度为 0.1～1.5mm 的静态独立裂缝。

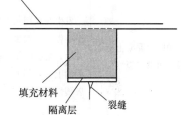

图 6-15　裂缝处开 U 形槽充填修补材料

2. 采用压力注浆法施工时，应按下列要求进行处理及检验

（1）进行压力注浆前应骑缝或斜向钻孔至裂缝深处，并埋设注浆管，注浆嘴应埋设在裂缝端部、交叉处和较宽处，间隔为 300～500mm，对贯穿性深裂缝应每隔 1～2m 加设一个注浆管。

（2）封缝应使用专用的封缝胶，胶层应均匀无气泡、砂眼，厚度大于 2mm，与注浆嘴连接密封。

（3）封缝胶固化后，应使用洁净无油的压缩空气试压，确认注浆通道是否通畅、密封、无泄漏。

（4）注浆应按由宽到细、由一端到另一端、由低到高的顺序依次进行。

（5）缝隙全部注满后应继续稳定压力一定时间，待吸浆率小于 50ml/h 后停止注浆，关闭注浆嘴。

3. 采用填充密封法施工时，应按下列要求进行处理及检验

（1）进行填充密封前应沿裂缝走向骑缝开凿 V 形槽或 U 形槽，并仔细检查凿槽质量；

（2）当有钢筋锈胀裂缝时，凿出全部锈蚀部分，并进行除锈和防锈处理；

（3）当需设置隔离层时，U 形槽的槽底应为光滑的平底，槽底铺设隔离层（图 6-15），隔离层应紧贴槽底，且不应吸潮膨胀，填充材料不应与基材相互反应；

（4）向槽内灌注液态密封材料应灌至微溢并抹平；

（5）静止的裂缝和锈蚀裂缝可采用封口胶或修补胶等进行填充，并用纤维织物或弹性涂料封护；活动裂缝可采用弹性和延性良好的密封材料进行填充封护。

第四节　常见混凝土结构板、梁、柱裂缝与处理措施

一、预应力混凝土空心板裂缝与处理措施

预应力混凝土空心板裂缝的特点、原因与措施，见表 6-3。

表 6-3　预应力混凝土空心板裂缝的特点、原因与预防措施

裂缝位置	特　点	原　因	预防措施
预应力混凝土空心板板面纵向裂缝	发生在采用拉模生产工艺的空心板，一般多在拉抽钢管时发生，裂缝的位置就在空心孔洞的上方，沿板面纵向分布，属塑性塌落裂缝	（1）混凝土水灰比较大 （2）拉抽钢管时管子有上下跳动现象 （3）拉抽钢管速度不均匀等	（1）采用适宜的配合比（控制水灰比或坍落度） （2）拉抽钢管时，速度应均匀，避免偏心受力，并防止管子产生上下跳动现象
预应力混凝土空心板板面横向裂缝	多发生在混凝土终凝后和养护期间，特点是板面横向裂缝每隔一段距离就出现一条，深度一般不超过板的上翼缘厚度	（1）塑性收缩裂缝，即在混凝土浇筑后未及时采取防晒、防大风及潮湿养护措施，由于气候干燥温差较大，混凝土产生塑性收缩所造成 （2）超张拉应力裂缝，即预应力钢丝发生过量超张拉现象	（1）加强混凝土的潮湿养护，避免暴晒 （2）控制好预应力钢筋的张拉应力，避免过量超张拉
预应力混凝土空心板板底纵向裂缝	多在混凝土硬化后数十天甚至数月、数年内出现。特点是裂缝多沿纵向钢筋分布，且随时间的增长，裂缝有进一步发展的趋势，这种裂缝一般属钢筋锈蚀裂缝	大多是由于混凝土保护层过薄或使用外加剂不当引起钢筋锈蚀所致	（1）严格控制混凝土保护层厚度（即钢筋位置） （2）选用性能优良的、不使钢筋锈蚀的外加剂

续表

裂缝位置	特　点	原　因	预防措施
预应力混凝土空心板板底横向裂缝	多发生在起吊、运输或上房以后，特点是裂缝垂直于板跨，一般多在跨中，有一条或数条裂缝，其裂缝宽度一般较窄，裂缝高度一般不超过板高的 2/3	(1) 起吊时，台座吸附力过大 (2) 运输过程中支点不当或猛烈振动 (3) 施工过程中出现超载 (4) 混凝土强度过低或质量低劣。因此这种裂缝属荷载引起的应力裂缝	(1) 采用性能良好的模板隔离剂 (2) 运输过程中将空心板支座垫好，并防止运输时出现猛烈振动 (3) 施工过程中防止超载 (4) 提高混凝土质量
预应力混凝土空心板板底接缝裂缝（图6-16）	多在楼板粉刷交付使用后发生，有的甚至在使用数年后才发生	(1) 如果这种裂缝发生在楼板底面，则是由于空心板缝灌缝质量不佳所致 (2) 如果这种裂缝发生在层面板底面，则是由于层面保温层保温隔热性能不好，引起屋面板产生"温度起伏"或"温度变形"所致	(1) 预应力混凝土空心板作为楼板时，应注意将板缝拉开，一般使空心板下口缝（即板底处）为 20～30mm，用 C20～C50 细石混凝土灌缝，并加强养护，以确保灌缝质量 (2) 预应力混凝土空心板作为屋面板时，设计上保温层应达到节能标准，施工时应确保质量，以减小层面板的温度变形
预应力混凝土空心板支座处裂缝（图6-17 和图 6-18）	多在建筑物交付使用一段时间后出现 (1) 如果空心板支座处为矩形梁，则出现如图 6-17 所示的沿梁长的一条裂缝 (2) 如果空心板支座处为花篮梁，则出现如图 6-18 所示的沿梁长的两条裂缝	目前楼板一般皆设计为简支，并且在支座处多未采取局部加强措施，因此，当楼板承受荷载后，由于楼板下挠致使支座处产生了拉应力（支座负弯矩引起），从而造成板端支座处的裂缝	(1) 搞好楼板的灌缝质量，提高楼板的整体受力性能 (2) 在楼板支座处，沿梁长放置钢筋网片，以抵抗支座处的负弯矩

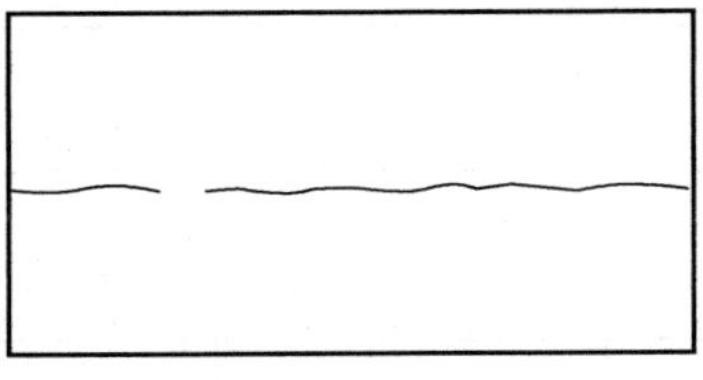

图 6-16　空心板板底接缝裂缝 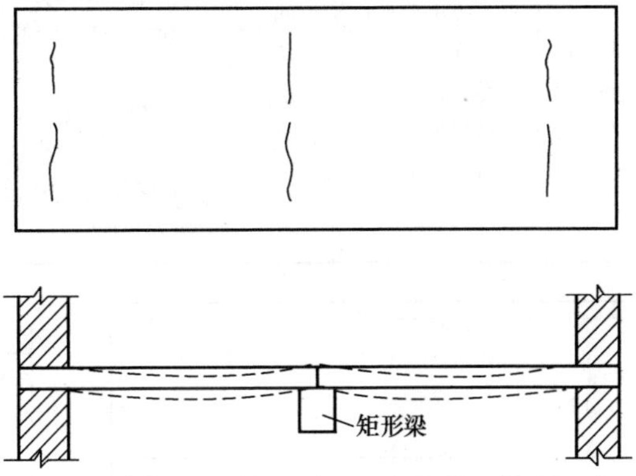　　　　图 6-17　空心板支座处裂缝（一）

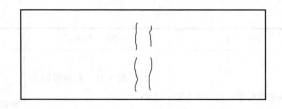

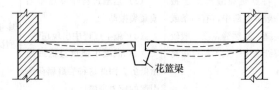

图 6-18 空心板支座处裂缝（二）

二、预应力混凝土大型层面板裂缝与处理措施

预应力混凝土大型屋面板裂缝的特点、原因与预防措施见表 6-4。

表 6-4 预应力混凝土大型层面板裂缝的特点、原因与预防措施

裂缝位置	特　点	原　因	预防措施
预应力大型层面板板面横向裂缝（图 6-19）	一般在混凝土终凝后或在养护期间发生	同预应力混凝土空心板板面横向裂缝	同预应力混凝土空心板板面横向裂缝
预应力大型层面板纵肋端部裂缝（图 6-20）	（1）裂缝多发生在预应力大型屋面板上房以后 （2）裂缝在纵肋的两端，近似 45° 的倾斜方向	（1）大型屋面板是按简支板设计的，但实际施工安装时，支座系三点焊接，因此支座有一定的嵌固约束作用，对板端产生一定的局部应力 （2）当屋面保温层设计标准偏低和施工质量不好时，屋面板将会产生一定的"温度起伏"，致使板端产生一定的局部应力。局部应力造成板端出现斜向裂缝	在板端肋部垂直于斜裂缝方向，各增加一根 $\phi 12$ 的斜向钢筋，此钢筋一端焊在板端预埋件上，一端向上弯起，并锚固在板的上翼内
预应力大型层面板横肋角部裂缝（图 6-21）	一般出现在板端横肋变断面处，呈 45° 的斜向裂缝，这种裂缝一般在端肋出现一处，严重者四个角可能同时出现	（1）在脱模起吊时，由于模板对构件的吸附力不均匀，造成构件不能水平同时脱模，后脱模的一角容易拉裂 （2）构件出池前，构件本身温差较大，使角部产生裂缝 （3）横肋端部断面突变，易产生应力集中现象	（1）将变断面处的折线角改为圆弧形角，以减少应力集中 （2）在易裂缝区域，加长度为 300mm、直径为 $\phi 6$ 构造钢筋以提高其抗裂性能和限制裂缝开展

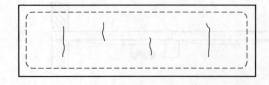

图 6-19 大型层面板板面裂缝

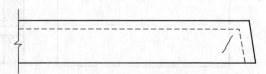

图 6-20 大型层面板纵肋端部裂缝

图 6-21　大型屋面板横肋角部裂缝

三、钢筋混凝土墙体常见裂缝与处理措施

钢筋混凝土墙体裂缝的特点、原因与预防措施见表 6-5。

表 6-5　钢筋混凝土墙体裂缝的特点、原因与预防措施

裂缝位置	特　　点	原　　因	预防措施
钢筋混凝土墙板裂缝（图 6-22）	（1）顶层重下层轻 （2）两端重中间轻 （3）向阳重，背阴轻，裂缝形状呈八字形，属于温度应力裂缝	（1）层面保温性能不好 （2）混凝土强度偏低 （3）构造上及配筋处理不当	（1）按节能标准，做好屋面保温隔热设计和施工 （2）设计时加强顶层墙面的抵抗温度变化的构造措施，如在门窗洞口处加斜向钢筋，适当加强墙板的分布钢筋等 （3）施工中严格控制好混凝土的强度和水灰比，尽量减少混凝土的收缩变形
钢筋混凝土剪力墙裂缝（图 6-23）	特点是裂缝多出现在剪力墙的上部，通常在混凝土浇筑后不久即产生	由于浇灌混凝土速度较快，造成混凝土产生沉缩裂缝	控制混凝土的水灰比和浇筑速度，以减少混凝土沉缩裂缝

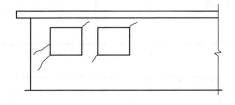

图 6-22　墙板裂缝

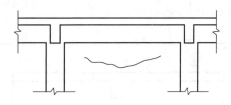

图 6-23　剪力墙裂缝

四、钢筋混凝土梁常见裂缝与处理措施

钢筋混凝土梁裂缝的特点、原因与预防措施见表 6-6。

表 6-6　钢筋混凝土梁裂缝的特点、原因与预防措施

裂缝位置	特　　点	原　　因	预防措施
钢筋混凝土梁侧面垂直裂缝和水纹裂缝	多在拆模后一段时间出现 （1）水纹状龟裂缝多在梁上下边缘出现，且沿梁全长呈非均匀分布，这种裂缝一般深度较浅，属表层裂缝 （2）竖向裂缝一船沿梁长度方向每隔一段有一条，其裂缝高度严重者可能波及整个梁高，裂缝形状有时呈"中间大两头小"的枣形裂缝，其深度大小不一，严重者裂缝深度可在 10～20mm	（1）产生水纹裂缝的原因是模板浇水不够，特别是采用了未经水湿透的木模时，容易产生此类裂缝 （2）产生竖向裂缝的原因是，混凝土养护时浇水不够，特别是在模板拆除后，未做潮湿养护，或因天气炎热，在阳光暴晒的情况下，容易产生上述裂缝，属混凝土塑性收缩和干缩裂缝	加强潮湿养护，防止暴晒

裂缝位置	特 点	原 因	预防措施
钢筋混凝土梁顺筋裂缝	一般多在交付使用一段时间后出现。特点是在梁下部侧面或底面钢筋部位出现顺筋裂缝，裂缝随时间的增长有逐渐发展的趋势	钢筋锈蚀，氧化铁膨胀所致	加强防腐、防锈保护，防止雨水冲刷
钢筋混凝土集中荷载处斜向裂缝（图6-24）	多在主次梁结构体系中发生。特征是在次梁与主梁交接处，次梁下面两侧出现斜向裂缝，这种裂缝属荷载作用裂缝	(1) 混凝土强度过低 (2) 加密箍筋或吊筋配置不足 (3) 吊筋上移所致	按规范规定设计横向钢筋，施工时应确保混凝土施工质量和钢筋位置的准确
钢筋混凝土大梁两端裂缝（图6-25）	多在交付使用后出现。特点是裂缝分布在大梁两端，呈斜向裂缝，且上口大下口小	大梁两端有较大的约束造成的	在梁端配置一定数量的构造钢筋
钢筋混凝土圈梁、框架梁、基础梁裂缝（图6-26～图6-28）	一般呈斜向裂缝，且多出现在跨中部位，但有时也可能出现在端部（例如框架梁），裂缝大部分贯穿整个梁高	由于地基不均匀下沉所引起，因此其裂缝的走向与地基不均匀沉降方向相一致	做好地基加固处理

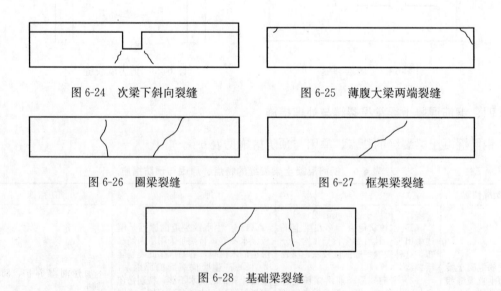

图 6-24　次梁下斜向裂缝　　　　图 6-25　薄腹大梁两端裂缝

图 6-26　圈梁裂缝　　　　图 6-27　框架梁裂缝

图 6-28　基础梁裂缝

五、钢筋混凝土柱常见裂缝与处理措施

钢筋混凝土柱裂缝的特点、原因与预防措施见表6-7。

表 6-7　钢筋混凝土柱裂缝的特点、原因与预防措施

裂缝位置	特　点	原　因	预防措施
钢筋混凝土柱水平裂缝及水纹裂缝［图6-29（a）］	多在拆模时或拆模后发生。特点是水纹裂缝多沿柱四角出现，呈不规则的龟裂裂缝；严重者沿柱高每隔一段距离出现一条横向裂缝，这种裂缝宽度大小不一，轻者如发丝状，重者缝宽可达 0.2～0.3mm，裂缝深度一般不超过 30mm	（1）模板干燥吸收了混凝土的水分导致水纹裂缝 （2）天气炎热或未进行充分潮湿养护致横向裂缝	防止暴晒
钢筋混凝土柱顺筋裂缝［图6-29（b）］	属钢筋锈蚀裂缝	同钢筋混凝土梁顺筋裂缝	同钢筋混凝土梁顺筋裂缝
钢筋混凝土柱纵向劈裂裂缝［图6-29（c）］	在施工阶段或使用阶段皆可能发生。特点是一般在柱的中部出现纵向劈裂状裂缝，有时在柱头和柱根也可能出现	（1）设计错误 （2）混凝土强度过低 （3）施工阶段或使用阶段超载	（1）严格按照规范的规定设计 （2）按规定选择混凝土强度等级 （3）严禁超载
钢筋混凝土柱 X 形裂缝［图6-29（d）］	一般多在地震发生后出现，属地震作用的剪切型裂缝	地震作用引起	做好结构抗震加固处理
钢筋混凝土柱柱头水平裂缝（图6-30）	在施工过程或使用过程中都可能发生。特点是水平裂缝多发生在梁柱交界处或无梁楼盖的柱帽下部	由于柱基不均匀下沉所致	做好桩基加固处理
钢筋混凝土柱内侧裂缝（图6-31）	一般发生在单层工业厂房的排架柱。特点是水平裂缝发生在内柱子的内侧，且多在上柱和下柱的根部出现。这种裂缝属少见裂缝	厂房内部地面荷载过大，从而导致柱基发生转动（倾斜）变形，致使钢筋混凝土柱产生一附加弯矩，当此附加弯矩产生的拉应力超过柱子混凝土抗拉强度时，柱内侧即产生裂缝	（1）搞好柱基和地面设计，防止因地面荷载使柱基产生过大变形 （2）防止在使用过程中地面超载

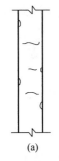   

(a)　　　　　　(b)　　　　　　(c)　　　　　　(d)

图 6-29　钢筋混凝土柱裂缝

（a）柱水平裂缝及水纹裂缝；（b）柱顺筋裂缝；（c）柱纵向劈裂裂缝；（d）柱 X 形裂缝

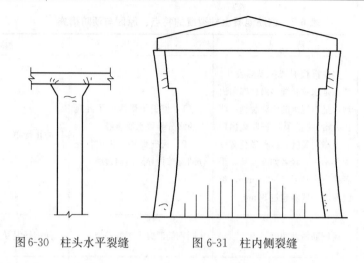

图 6-30　柱头水平裂缝　　　　图 6-31　柱内侧裂缝

六、钢筋混凝土挑檐、雨篷和阳台常见裂缝与处理措施（表 4-5）

1. 钢筋混凝土挑檐裂缝

钢筋混凝土挑檐裂缝如图 6-32 所示。钢筋混凝土挑檐裂缝一般有两种，一种为沿挑檐长度方向每隔一段距离有一条横向裂缝，这种裂缝一般是外口大内口小，是楔形裂缝，且在挑檐拐角、转折处较为严重；另一种为挑檐根部的纵向裂缝。

第一种裂缝是由于温度和混凝土收缩所引起，在挑檐拐角和转折处较为严重，是由于该处还附加有应力集中的影响。第二种裂缝多是由于挑檐主筋下移或混凝土强度过低所致。

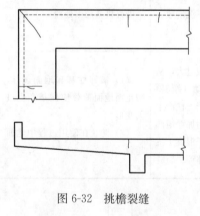

图 6-32　挑檐裂缝

预防措施如下：

（1）严格控制混凝土水灰比或坍落度，在确保混凝土浇筑质量的情况下，适当减小水灰比。

（2）加强挑檐混凝土的潮湿养护，以减少混凝土的收缩。

（3）挑檐较长时，可每隔 30m 左右设置伸缩缝。

（4）施工时预留"后浇带"。预防第二种裂缝的措施是将挑檐主筋牢固固定，防止将主筋踩下。

2. 钢筋混凝土雨篷裂缝

一般出现在雨篷的根部，其原因多为主筋下移所致。

3. 钢筋混凝土阳台裂缝

一般发生在阳台根部，可以说是阳台质量的"常见病"，其原因是施工时主筋被踩下移所致。

预防这种裂缝的措施，除应加强施工质量管理防止主筋被踩下以外，主要还是应从设计构造上加以改进：

（1）阳台上部主筋多伸入阳台过梁（圈梁）内，由于阳台板一般低于室内 20～50mm，所以阳台主筋多从梁架立筋下通过，阳台主筋在梁内无固定点，难以保证准确位置，一旦施工中被踩，即降低了阳台根部截面的有效高度，致使阳台的抗裂度和强度大大降低。

为了确保阳台主筋的正确位置，可在梁中增设 2 根 φ8 架立钢筋，用以固定阳台板的主筋。

（2）对于悬挑较大的阳台，除采取上述措施外，应在其下部配钢筋，一方面可以固定上部主筋位置，另一方面也可抵抗地震时阳台根部产生的正弯矩。

七、钢筋混凝土和预应力混凝土屋架常见裂缝与处理措施

1. 屋架端节点裂缝

屋架端节点裂缝如图 6-33 所示，一般可归纳为常见六种类型的裂缝。

（1）造成这六种裂缝的主要原因分别如下：

① 是豁口处产生应力集中：施工中支座偏里，使豁口处产生较大的次应力；受力钢筋锚固不良。

② 是上弦压应力集中，裂缝多与上弦平行。

③ 是屋架端部底面不平，与支座接触不良，造成屋架端部底面应力集中；屋架支座偏外，引起屋架端部底面产生附加拉应力。

④ 是屋面板的局部压力过大，裂缝多在使用过程中出现。

⑤ 是上弦顶面变截面处应力集中，上弦主筋在端节点锚固不良，裂缝主要出现在预应力钢筋混凝土拱形屋架上。

⑥ 是张拉预应力钢筋时的局部压应力过大。裂缝主要产生在预应力钢筋混凝土拱形屋架和托架上。

（2）预防上述裂缝的措施是：

① 严格按屋架标准图进行配筋和施工。

② 安装屋架时应保证支点位置准确。

③ 保证混凝土的施工质量。

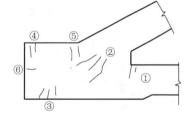

图 6-33　屋架端节点裂缝

2. 屋架上弦杆裂缝

屋架上弦杆裂缝如图 6-34 所示。这种裂缝多发生在屋架上弦的顶面，且在预应力混凝土层架上产生。造成这种裂缝的原因：

① 张拉下弦预应力钢筋时有超张拉现象。

② 混凝土强度过低。

3. 屋架下弦杆纵向裂缝

屋架下弦杆纵向裂缝如图 6-35 所示，一般在预应力混凝土屋架中产生。其原因往往是由于拉抽钢管不当所致，因此多在未张拉预应力钢筋时即已出现。这种裂缝将危及屋架下弦杆的安全，所以应进行加固处理，其方法是在张拉预应力钢筋前，用包型钢法进行加固处理。

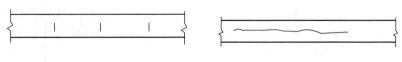

图 6-34　屋架上弦杆裂缝　　　　图 6-35　屋架下弦杆纵向裂缝

第七章 砌体结构裂缝修补

第一节 砌体结构裂缝特征与分类

一、砌体结构裂缝特征（表 7-1）

表 7-1 砌体结构裂缝特征

原因	裂缝主要特征		裂缝表现
	裂缝常出现位置	裂缝走向及形态	
（1）受压	承重墙或窗间墙中部	多为竖向裂缝，中间宽、两端窄	
（2）偏心受压	受偏心荷载的墙或柱	压力较大一侧产生竖向裂缝；另一侧产生水平裂缝，边缘宽，向内渐窄	
（3）局部受压	梁端支承墙体；受集中荷载处	竖向裂缝并伴有斜裂缝	

原因	裂缝主要特征		裂缝表现
	裂缝常出现位置	裂缝走向及形态	
（4）受剪	受压墙体受较大水平荷载处	水平通缝	
		沿灰缝阶梯形裂缝	
	受压墙体受较大水平荷载处	沿灰缝和砌块阶梯形裂缝	
（5）地震作用	承重横墙及纵墙窗间墙	斜裂缝，X形裂缝	
（6）不均匀沉降	底层大窗台下、建筑物顶部、纵横墙交接处	竖向裂缝上部宽、下部窄	
	窗间墙上下对角	水平裂缝边缘宽，向内渐窄	

原因	裂缝主要特征		裂缝表现
	裂缝常出现位置	裂缝走向及形态	
（7）温度变形、砌体干缩变形	纵、横墙竖向变形较大的窗口对角，下部多、上部少，两端多、中部少	斜裂缝，正八字形	
	纵、横墙挠度较大的窗口对角，下部多、上部少，两端多、中部少	斜裂缝，倒八字形	
	纵墙两端部靠近屋顶处的外墙及山墙	斜裂缝，正八字形	
	外墙屋顶、靠近屋面圈梁墙体、女儿墙底部、门窗洞口	水平裂缝，均宽	
	房屋两端横墙	X形	
	门窗、洞口、楼梯间等薄弱处	竖向裂缝，均宽，贯通全高	

二、砌体结构裂缝分类

1. 斜裂缝

在窗口转角、窗间墙、窗台墙、外墙及内墙上都可能产生裂缝。大多数情况下，纵向墙的上部两端出现斜裂缝的概率高，裂缝往往通过窗口的两对角，且在窗口处缝宽较大，向两边逐渐缩小。在靠近平屋顶下的外墙上或者在内部的横隔墙上和山墙上的斜裂缝，呈正"八"字形。有些裂缝在建筑物的下部外墙也呈正"八"字，其形状是下裂部缝宽，向上部逐渐延伸缩小宽度。在个别建筑物上，也发现过倒"八"字形裂缝。

2. 墙上的水平裂缝

由于上部砌体抗拉与抗剪强度的非均匀性，外墙上的斜裂缝往往与水平裂缝互相组合出现，形成一段斜裂缝和一段水平裂缝相组合的混合裂缝。水平裂缝一般均沿灰缝错开，而斜裂缝，既可能沿灰缝也可能横穿砌块和砖块。

3. 竖向裂缝

这种裂缝常出现在窗台墙上，窗孔的两个下角处，有的出现在墙的顶部，上宽下窄，多数窗台缝出现在底层，二层以上很少发现。

裂缝一般在施工后不久（1～3个月）就开始出现，并随时间而发展，延续至数月，有的数年才稳定。有些建筑物在承重墙的中部出现竖向裂缝，上宽下窄，墙体如承受负弯矩作用的结构。

混合结构的门窗孔上常设置钢筋混凝土圈梁、过梁等构件，在梁端部的墙面上常出现局部竖向或稍倾斜的裂缝。裂缝中间宽，上下端小，有的还通至窗口下角附近，当过梁不露明（暗梁）时，裂缝细微或不易发现。过梁外露者裂缝都很明显，过梁越大，裂缝越较宽长。

在一幢混合结构房屋中往往有两种甚至数种不同层数的结构，而且楼板相互错开，在错层处的墙面上常出现竖向裂缝，裂缝较宽，有的达数毫米至十余毫米之多。在较长建筑物的楼梯间中，楼板在楼梯间中断开，在楼板的端部墙上亦常出现竖向裂缝。

平屋顶的建筑中，常用女儿墙作为屋顶平台的围栏，起安全围护作用；有的则作为一种建筑艺术的需要而设置各种高度的女儿墙。砖砌女儿墙常出现各种形状的裂缝——竖向、斜向及水平缝。裂缝同时还伴随着女儿墙的外移、外倾及侧向弯曲等现象。

窗台墙的裂缝原因有多种，如地基的变形、地基反压力和窗间墙对窗台墙的作用，使窗台墙向上弯曲，在墙的1/2跨度附近出现弯曲拉应力，导致上宽下窄的竖向裂缝；同时窗间墙给窗台墙的压力作用，在窗角处产生较大的剪应力集中引起下窗角的开裂。另外的观点认为窗台墙处于几乎是两端嵌固和基础约束的条件下，所以其温度及干缩变形引起较大的约束应力，从而导致开裂。这两种因素对窗台墙都存在，应力在裂缝处是叠加的，只是在不同地区和不同施工条件下两种因素所占的比例程度有所不同。

过梁端部和错层部位墙体的裂缝，是由组合结构的变形差异引起的。如过梁的收缩和降温变形在梁端达到最大值，错层的钢筋混凝土楼板在错层处（楼板端处）的变形也达最大值，而砌体在这些部位却没有适应梁板端部变形的余地，变形达到一定数值后，引起局部承载过大而开裂。

关于女儿墙的裂缝，必须从女儿墙、保温层、钢筋混凝土顶板的相互作用关系中进行分析。钢筋混凝土顶板受太阳辐射或夏季较高气温作用产生温度变形，而砖砌体的温度偏低且线膨胀系数小于钢筋混凝土的线膨胀系数 50％，所以屋顶板膨胀变形必然推挤女儿墙，致使女儿墙承受剪切应力和偏心拉力，在最大变形区——墙角区引起竖向、斜向或水平开裂，同时产生明显的侧移。屋顶面层和保温层越厚，越密实，且直接顶紧女儿墙侧面时开裂及外移愈加严重。

解决该问题的有效办法是采用"放"的原则，使屋顶处不具备"抗"的条件，在女儿墙与保温层、面砖等结构之间设置隔离层，如 10～15cm 防水油膏或聚氯乙烯胶泥等柔性材料，或以天沟将其隔离并做好保温隔热同时在女儿墙顶适当配置构造筋以提高抗裂能力，可谓"以放为主，抗放兼施"的原则。

第二节　砌体结构裂缝产生原因

一、地基不均匀沉降

地基不均匀沉降将引起砌体受拉、受剪，从而在砌体中产生裂缝。裂缝与工程地质条件、基础构造、上部结构刚度、建筑体形以及材料和施工质量等因素有关。常见裂缝有以下几种类型。

（1）斜裂缝：这是最常见的一种裂缝。建筑物中间沉降大，两端沉降小（正向挠曲），墙上出现"八"字形裂缝，反之则出现倒"八"字形裂缝，如图 7-1 (a)、(b) 所示。多数裂缝通过窗对角在紧靠窗口处裂缝较宽。在等高长条形房屋中，两端比中间裂缝多。产生这种斜裂缝的主要原因是地基不均匀变形，使墙身受到较大的剪切应力，造成了砌体的主拉应力过大而破坏。

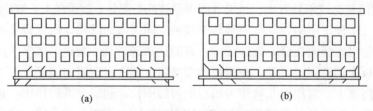

图 7-1　地基不均匀沉降引起的裂缝

(a)"八"字形裂缝；(b) 倒"八"字形裂缝

（2）窗间墙上水平裂缝：这种裂缝一般成对地出现在窗间墙的上下对角处，沉降大的一边裂缝在下，沉降小的一边裂缝在上，也是靠窗口处裂缝较宽。裂缝的主要原因是地基不均匀沉降，使窗间墙受到较大的水平剪力。

（3）竖向裂缝：一般产生在纵墙顶层墙或底层窗台墙上。顶层墙竖向裂缝多数是建筑物反向挠曲，使墙顶受拉而开裂。底层窗台上的裂缝，多数是由于窗口过大，窗台墙起了反梁作用而引起的。两种竖向裂缝都是上面宽，向下逐渐缩小。

（4）单层厂房与生活间连接墙处的水平裂缝：多数是温度变形造成，但也有的是由于地基不均匀沉降，使墙身受到较大的来自屋面板水平推力而产生裂缝。

以上各种裂缝出现时间往往在建成后不久，裂缝的严重程度随着时间逐渐发展。

二、温度变形

砌体在温度发生较大的变化时，由于热胀冷缩的原因，在砌体结构内会产生拉应力，当拉应力大于砌体的抗拉强度时，砌体会开裂。

由于温度变化引起砖墙、柱开裂的情况较普遍。最典型的是位于房屋顶层墙上的"八"字形裂缝。其他还有女儿墙角裂缝、女儿墙根部的水平裂缝、沿窗边（或楼梯间）贯穿整个房屋的竖直裂缝、墙面局部的竖直裂缝、单层厂房与生活间连接处的水平裂缝，以及比较空旷高大房间窗口上下水平裂缝等。产生温度收缩裂缝的主要原因如下：砖混建筑主要由砖墙、钢筋混凝土楼盖和屋盖组成，钢筋混凝土的线膨胀系数为$(0.8\sim1.4)\times10^{-5}/℃$，砖砌体为$(0.5\sim0.8)\times10^{-5}/℃$，钢筋混凝土的收缩值为$(15\sim20)\times10^{-6}$，而砖砌体收缩不明显。当环境温度变化和材料收缩时，两种材料的膨胀系数和收缩率不同，因此将产生各自不同的变形。当建筑物一部分结构发生变形，而又受到另一部分结构的约束时，其结果必然在结构内部产生应力，当温度升高时钢筋混凝土变形大于砖，砖墙阻止屋盖（或楼盖）伸长，因此在屋盖（楼盖）中产生压应力，在墙体中引起拉应力和剪应力。当墙体中的主拉应力超过砌体的抗拉能力时，就在墙中产生斜裂缝（"八"字形缝）。女儿墙角与根部裂缝的主要原因是屋盖的温度变形。贯穿的竖直裂缝其发生原因往往是房屋太长和伸缩缝间距太大。单层厂房在生活间处的水平裂缝，除了少数是地基不均匀下沉引起外，主要是由于屋面板在阳光曝晒下，温度升高而伸长，使砖墙受到较大的水平推力而造成的。

三、建筑构造

建筑构造不合理也会造成砖墙裂缝的发生。最常见的是在扩建工程中，新旧建筑砖墙如果没有适当的构造措施而砌成整体，在新、旧墙结合处往往发生裂缝。其他如圈梁不封闭、变形缝设置不当等均可能造成砖墙局部裂缝。

四、施工质量

砖墙在砌筑中由于组砌方法不合理，重缝、通缝多等施工质量问题，导致砖墙中往往出现不规则的较宽裂缝。另外，预留脚手眼的位置不当，断砖集中使用、整砖砌筑中砂浆不饱满等也易引起裂缝的发生。

五、相邻建筑的影响

在已有建筑邻近新盖多层、高层建筑的施工中，由于开挖、排水、人工降低地下水位、打桩等都可能影响原有建筑地基基础和上部结构，从而造成砖墙开裂，如图 7-2 所示。另外，因新建工程的荷载造成旧建筑地基应力和变形加大，使旧建筑产生新的不均匀沉降，以致造成砖墙等处产生裂缝。

六、受力裂缝

砖砌体受力后开裂的主要特征是一般轴心受压或小偏心受压的墙、柱裂缝方向是垂直的；在大偏心受压时，可出现水平方向裂缝，裂缝位置常在墙、柱下部 1/2 位置，上、下两端除了局部承载力不足外，一般很少有裂缝。裂缝宽度 0.1～

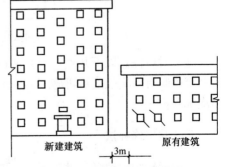

新建建筑　　3m　　原有建筑

图 7-2　相邻建筑物引起的裂缝

0.3mm 不等，中间宽、两端细。通常在楼盖（屋盖）支撑拆除后立即可见裂缝，也有少数在使用荷载突然增加时开裂。在梁底由于局部承压承载力不足也可能出现裂缝，其特征与上述裂缝情况类似。砖砌体受力后产生裂缝的原因比较复杂，设计断面过小、稳定性不够、结构构造不合理、砖及砂浆强度等级过低等均可能引起开裂。

第三节　砌体结构裂缝修补

一、填缝封闭修补法

砖砌体填缝封闭修补的方法通常用于墙体外观维修和裂缝较浅的场合。常用材料有水泥砂浆、聚合水泥砂浆等。这类硬质填缝材料极限拉伸率很低，如砌体裂缝尚未稳定，修补后可能再次开裂。

这类填缝封闭修补方法的工序为：先将裂缝清理干净，用勾缝刀、抹子、刮刀等工具将1∶3 的水泥砂浆或比砌筑强度高一级的水泥砂浆或掺有 108 胶的聚合水泥砂浆填入砖缝内。

二、配筋填缝封闭修补法

当裂缝较宽时，可采用配筋水泥砂浆填缝的修补方法，即在与裂缝相交的灰缝中嵌入细钢筋，然后再用水泥砂浆填缝。

这种方法的具体做法是在缝两侧每隔 4～5 皮砖剔凿一道长 800～1000mm，深 30～40mm 的砖缝，埋入一根 F66 钢筋，端部弯成直钩并嵌入砖墙竖缝内，然后用强度等级为M10 的水泥砂浆嵌填碾实，如图 7-3 所示。

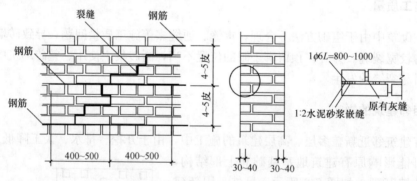

图 7-3　配筋填缝密封修补法

施工时应注意以下几点：（1）两面不要剔同一条缝，最好隔两皮砖；（2）必须处理好一面并等砂浆有一定强度后再施工另一面；（3）修补前剔开的砖缝要充分浇水湿润，修补后必须浇水养护。

三、灌浆修补法

当裂缝较细，裂缝数量较多，发展已基本稳定时，可采用灌浆补强方法。它是工程中最常用的裂缝修补方法。

灌浆修补法是利用浆液自身重力或加压设备将含有胶合材料的水泥浆液和化学浆液灌入

裂缝内，使裂缝粘合起来的一种修补方法，如图 7-4、图 7-5 所示。这种方法设备简单，施工方便，价格便宜，修补后的砌体可以达到甚至超过原砌体的承载力，裂缝不会在原来位置重复出现。

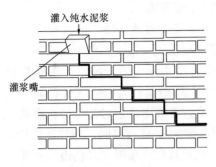

图 7-4 重力灌浆示意图

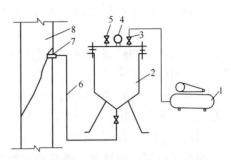

图 7-5 压力灌浆装置示意图

1—空压机；2—压浆罐；3—进气阀；4—压力表；
5—进浆口；6—输送管；7—灌浆嘴；8—墙体

灌浆常用的材料有纯水泥浆、水泥砂浆、水玻璃砂浆和水泥灰浆等。在砌体修补中，可用纯水泥浆，因纯水泥浆的可灌性较好，可顺利地灌入贯通外漏的孔隙内，对于宽度为 3mm 左右的裂缝可以灌实。若裂缝宽度大于 5mm 时，可采用水泥砂浆。裂缝细小时，可采用压力灌浆。灌浆浆液配合比见表 7-2。

表 7-2 裂缝灌浆浆液配合比

浆别	水泥	水	胶结料	砂
稀浆	1	0.9	0.2（108 胶）	
	1	0.9	0.2（二元乳胶）	
	1	0.9	0.01～0.02（水玻璃）	
	1	1.2	0.06（聚醋酸乙烯）	
稠浆	1	0.6	0.2（108 胶）	
	1	0.6	0.15（二元乳胶）	
	1	0.7	0.01～0.02（水玻璃）	
	1	0.74	0.055（聚醋酸乙烯）	
砂浆	1	0.6	0.2（108 胶）	1
	1	0.6～0.7	0.5（二元乳胶）	1
	1	0.6	0.01～0.02（水玻璃）	1
	1	0.4～0.7	0.06（聚醋酸乙烯）	1

注：稀浆用于 0.3～1mm 宽的裂缝；稠浆用于 1～5mm 的裂缝；砂浆则适用于宽度大于 5mm 的裂缝。

水泥灌浆浆液中需掺入悬浮型外加剂，以提高水泥的悬浮性，延缓水泥沉淀时间，防止灌浆设备及输送系统堵塞。外加剂一般采用聚乙烯醇或水玻璃或 108 胶。掺入外加剂后，水泥浆液的强度略有提高。掺有 108 胶还可以增强黏结力，但掺量过大，会使灌浆材料的强度降低。

灌浆法修补裂缝的工艺流程如下。

（1）清理裂缝，使裂缝通道贯通，不堵塞。

（2）灌浆嘴布置：在裂缝交叉处和裂缝端部均应设灌浆嘴，布置灌浆嘴间距可按照裂缝宽度大小在 250～500mm 之间选取。厚度大于 360mm 的墙体，应在墙体两面都设灌浆嘴。在墙体的设置灌浆嘴处，应预先钻孔，孔径稍大于灌浆嘴外径，孔深 30～40mm，孔内应冲洗干净，并先用纯水泥浆涂刷，然后 1∶2 水泥砂浆固定灌浆嘴。

（3）用加有促凝剂的 1∶2 水泥砂浆嵌缝，以避免灌浆时浆液外溢，嵌缝时应注意将混水砖墙裂缝附近的粉刷层剔除，冲洗干净后，用砂浆嵌缝。

（4）待封闭层砂浆达到一定强度后，先向每个灌浆嘴中灌入适量的水，使灌浆通过畅通。再用 0.2～0.5MPa 的压缩空气检查通道泄漏程度，如泄漏较大，应进行补漏。然后进行压力灌浆，灌浆顺序自上而下，当附近灌浆嘴溢出或进浆嘴不进浆时方可停止灌浆。灌浆压力控制在 0.2MPa 左右，但不宜超过 0.25MPa。发现墙体局部冒浆时，应停灌浆约 15min 或用快硬水泥砂浆临时堵塞，然后再进行灌浆。当向靠近基础或楼板（多孔板）处灌入大量浆液仍未灌满时，应增大浆液浓度或停 1～2h 后再灌。

（5）全部灌完后，停 30min 在进行二次补灌，以提高灌浆密实度。

（6）拆除或切除灌浆嘴，表面清理抹平，冲洗设备。

对于水平的通长裂缝，可沿裂缝钻孔，做成销键，以加强两边砌体的共同作用。销键直径为 25mm，间距为 250～300mm，深度可以比墙厚小 20～25mm。做完销键后再进行灌浆，灌浆方法同上。

第八章 钢筋混凝土与多层砌体结构抗震加固

第一节 钢筋混凝土结构建筑物抗震加固

一、钢筋混凝土建筑物抗震加固常用的方法

钢筋混凝土房屋抗震加固常用的方法，见表8-1。

表8-1 抗震加固常用的方法

序号	加固方法	措　施
1	增强自身加固法	增强自身加固法是为了加强结构构件自身，使其恢复或提高构件的承载能力和抗震能力，主要用于修补震前结构裂缝缺陷和震后出现裂缝的结构构件的修复加固： （1）压力灌注水泥浆加固法：可以用来灌注砖墙裂缝和混凝土构件的裂缝，也可以用来提高砌筑砂浆强度等级不大于M1（即10号砂浆）以下砖墙的抗震承载力。 （2）压力灌注环氧树脂浆加固法：可以用于加固有裂缝的钢筋混凝土构件，最小缝宽可为0.1mm，最大可达6mm。裂缝较宽时可在浆液中加入适量水泥的节省环氧树脂用量。 （3）铁钯锔加固法：此法用来加固有裂缝的砖墙。铁钯锔可用 $\phi 6$ 钢筋弯成，其长度应超过裂缝两侧200mm，两端弯成100mm的直钩
2	外包加固法	指在结构构件外面增设加强层，以提高结构构件的抗震承载力，变形能力和整体性。这种加固方法适用于结构构件破坏严重或要求较多地提高抗震承载力，一般做法如下： （1）外包钢筋混凝土面层加固法：这是加固钢筋混凝土梁、柱、砖柱、砖墙和筒壁的有效办法。如钢筋混凝土围套、钢筋混凝土板墙等，可以支模板浇制混凝土或用喷射混凝土加固。尤宜用于湿度高的地区。 （2）钢筋网水泥砂浆面层加固法此法：主要用于加固砖柱、砖墙与砖筒壁，可以不用支模板，铺设钢筋后分层抹灰，比较简便。 （3）水泥砂浆面层加固法：适用于不要过多地提高抗震强度的砖墙加固。 （4）钢构件网笼加固法：适用于加固砖柱、砖烟囱和钢筋混凝土梁、柱及桁架杆件，其优点是施工方便，但须采取防锈措施，在有害气体侵蚀和湿度高的环境中不宜采用
3	增设构件加固法	在原有结构构件以外增设构件是提高结构抗震承载力、变形能力和整体性的有效措施。在进行增设构件的加固设计时，应考虑增设构件对结构计算简图和动力特性的影响： （1）增设墙体加固法：当抗震横墙间距超过规定值或墙体抗震承载力严重不足时，宜采用增设墙体的方法加固。增设的墙体可为钢筋混凝土墙，也可为砌体墙。 （2）增设柱子加固法：设置外加柱可以增加其抗倾覆能力，当抗震墙承载力差值不大，可采用外加钢筋混凝土柱，与圈梁、钢拉杆进行加固。内框架房屋沿外纵墙增设钢筋混凝土外加柱是提高这类结构抗震承载力的一种方法。增设的柱子应与原有圈梁可靠连接。 （3）增设拉杆加固法：此法多用于受弯构件（如梁、桁架、檩条等）的加固和纵横墙连接部位的加固，也可用来代替沿内墙的圈梁。 （4）增设支撑加固法：增设屋盖支撑、天窗架支撑和柱间支撑，可以提高结构的抗震强度和整体性，并可增加结构受力的赘余度，起二道防线的作用。 （5）增设圈梁加固法：当抗震圈梁设置不符合规定时，可采用钢筋混凝土外加圈梁或板底钢筋混凝土夹内墙圈梁进行加固。沿内墙圈梁可用钢拉杆代替。外墙圈梁沿房屋四周应形成封闭，并与内墙圈梁或钢拉杆共同约束房屋墙体及楼、屋盖构件。 （6）增设支托加固法：当屋盖构件（如檩条、屋面板）的支承长度不足时，宜加支托，以防止构件在地震时坍落。 （7）增设刚架加固法：当原应增设墙体加固时，由于使用净空要求的限制，也可增设刚度较大的刚架来提高抗震承载力。 （8）增设门窗框加固法：当承重窗间墙宽度过小或能力不满足要求时，可增设钢筋混凝土门框或窗框来加固

序号	加固方法	措　施
4	增强连接加固法	震害调查表明，构件的连接是薄弱环节。针对各结构构件间的连接采用下列各种方法进行加固，能够保证各构件间的抗震承载力，提高变形能力，保障结构的整体稳定性。这种加固方法适用于结构构件承载能力能够满足，但构件间连接差。其他各种加固方法也必须采取措施增强其连接： 　　(1) 拉结钢筋加固法：砖墙与钢筋混凝土柱、梁间的连接可增设拉筋加强一端弯折后锚入墙体的灰缝内，一端用环氧树脂砂浆锚入柱、梁的斜孔中或与锚入柱、梁内的膨胀螺栓焊接。新增外加柱与墙体的连接也可采用拉结钢筋的以加强柱和墙间的连接。 　　(2) 压浆锚杆加固法：适用于纵横墙间没有咬槎砌筑，连接很差的部位，采用长锚杆，一端嵌入内横墙，另一端嵌固于外纵墙上（或外加柱），其做法：先钻孔是贯通内外墙，嵌入锚杆后，用水玻璃砂浆压灌。 　　(3) 钢夹套加固法：适用于隔墙与顶板和梁连接不良时，可采用镶边型钢夹套上与板底连接并夹住砖墙或在砖墙顶与梁间增设钢夹套，以防止砖墙平面外倒塌。 　　(4) 综合加固：也可增强连接。如外包法中的钢构套加固法把梁和柱间的节点用钢构件网笼以增强连接。又如增设构件加固法的钢拉杆可以代替压浆锚杆，也对砖墙平面外倒塌起约束作用；增设圈梁可以增强山墙与纵墙连接；增设支托可增强支承连接
5	替换构件加固法	对原有强度低、韧性差的构件用强度高、韧性好的材料来替换。替换后须做好与原构件的连接。通常采用如下方法： 　　(1) 钢筋混凝土替换砖，如钢筋混凝土柱替换砖柱，钢筋混凝土墙替换砖墙。 　　(2) 钢构件替换木构件
6	隔震和消能减震加固法	这种加固法尤其适用于重要的公共建筑及文博建筑等，如办公楼、博物馆、学校等。由于它对减少地震力的传递起到很好的作用，从而减轻地震对建（构）筑物的破坏，又可保持建（构）筑物的原貌，施工干扰也小，已经引起国内外的重视。 　　综合各种抗震加固方法、各种加固法及其相应措施对增加抗震强度，提高变形能力和加强整体性的关系如图 7-1 所示。从图中看出每种加固方法至少达到一个加固目标。而外包加固法、增设构件加固法、增强连接加固法和替换构件加固法能更好达到各项加固目标
7	多层钢筋混凝土房屋加固方法	1) 房屋抗震承载力不满足要求时，可选择下列加固方法： 　　(1) 单向框架应加固为双向框架，或采取加强楼、屋盖整体性且同时增设抗震墙、抗震支撑等抗侧力构件的措施。 　　(2) 框架梁柱配筋不符合鉴定要求时，可采用钢构套、现浇钢筋混凝土套或粘贴钢板加固。 　　(3) 房屋刚度较弱、明显不均匀或有明显的扭转效应时，可增设钢筋混凝土抗震墙或翼墙加固。 　　2) 钢筋混凝土构件有局部损伤时，可采用细石混凝土修复；出现裂缝时，可灌注环氧树脂浆等补强。 　　3) 墙体与框架柱连接不良时，可增设拉筋连接；墙体与框架梁连接不良时，可在墙顶增设钢夹套与梁拉结。 　　4) 女儿墙等易倒塌部位不符合鉴定要求时，可按有关规定选择加固方法。 　　5) 多层钢筋混凝土房屋通过抗震鉴定如发现主要框架本身承载力不够，以及墙体与框架连接和女儿墙等易倒塌部位，存在问题可按图 7-2 列出的加固方法，供加固设计选用

二、抗震加固目标、加固方法与加固构件或措施的关系

抗震加固目标、加固方法与加固构件或措施的关系，如图 8-2 所示。

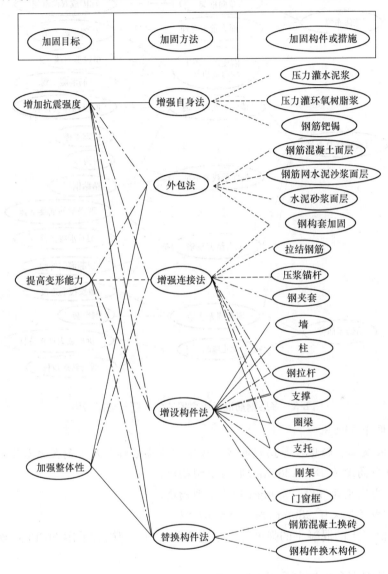

图 8-2 加固目标、加固方法与加固构件或措施的关系

三、多层钢筋混凝土房屋鉴定问题与加固措施

多层钢筋混凝土房屋鉴定问题与加固措施，如图 8-3 所示。

四、抗震加固材料

（1）黏土砖的强度等级不应低于 MU7.5；粉煤灰中型实心砌块和混凝土中型空心砌块的强度等级不应低于 MU10，混凝土小型空心砌块的强度等级不应低于 MU5；砌体的砂浆

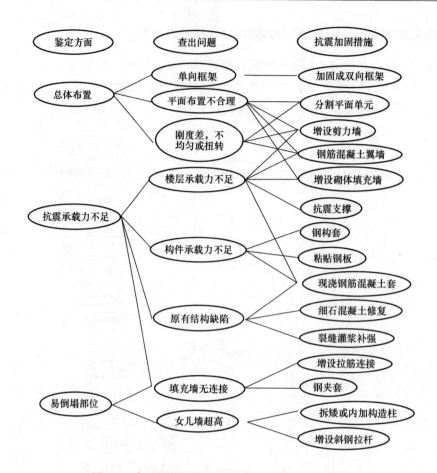

<table>
<tr><td>鉴定方面</td><td>查出问题</td><td>抗震加固措施</td></tr>
</table>

图 8-3 多层钢筋混凝土房屋鉴定问题与加固措施

强度等级不应低于 M2.5。

    注意：以混凝土、粉煤灰等制作的实心或空心砌块名称与尺寸的关系如下：

        ① 当高度为 180～380mm 时为小型砌块；

        ② 当高度为 390～980mm 时为中型砌块；

        ③ 当高度大于 980mm 时为大型砌块。

    （2）钢筋混凝土的混凝土的强度等级不应低于 C20，钢筋宜采用 HPB235 级或 HRB335 级钢。

    （3）钢材的型钢和板材宜采用 Q235 钢。

    （4）加固所用材料的强度等级不应低于原构件材料的强度等级。

五、钢筋混凝土结构建筑物抗震加固方法

1）钢筋混凝土房屋的结构体系和抗震承载力不满足要求时，可选择下列加固方法：

    （1）单向框架应加固，或改为双向框架，或采取加强楼、屋盖整体性且同时增设抗震墙、抗震支撑等抗侧力构件的措施。

    （2）单跨框架不符合鉴定要求时，应在不大于框架-抗震墙结构的抗震墙最大间距且不大于 24m 的间距内增设抗震墙、翼墙、抗震支撑等抗侧力构件或将对应轴线的单跨框架改为多跨框架。

（3）框架梁柱配筋不符合鉴定要求时，可采用钢构套、现浇钢筋混凝土套或粘贴钢板、碳纤维布、钢绞线网-聚合物砂浆面层等加固。

（4）框架柱轴压比不符合鉴定要求时，可采用现浇钢筋混凝土套等加固。

（5）房屋刚度较弱、明显不均匀或有明显的扭转效应时，可增设钢筋混凝土抗震墙或翼墙加固，也可设置支撑加固。

（6）当框架梁柱实际受弯承载力的关系不符合鉴定要求时，可采用钢构套、现浇钢筋混凝土套或粘贴钢板等加固框架柱；也可通过罕遇地震下的弹塑性变形验算确定对策。

（7）钢筋混凝土抗震墙配筋不符合鉴定要求时，可加厚原有墙体或增设端柱、墙体等。

（8）当楼梯构件不符合鉴定要求时，可粘贴钢板、碳纤维布、钢绞线网-聚合物砂浆面层等加固。

2）钢筋混凝土构件有局部损伤时，可采用细石混凝土修复；出现裂缝时，可灌注水泥基灌浆料等补强。

3）填充墙体与框架柱连接不符合鉴定要求时，可增设拉筋连接；填充墙体与框架梁连接不符合鉴定要求时，可在墙顶增设钢夹套等与梁拉结；楼梯间的填充墙不符合鉴定要求，可采用钢筋网砂浆面层加固。

4）女儿墙等易倒塌部位不符合鉴定要求时，可按《建筑抗震加固技术规程》(JGJ 116—2009) 第 5.2.3 条的有关规定选择加固方法。

六、钢筋混凝土结构建筑物抗震加固施工

1. 增设抗震墙或翼墙

1）增设钢筋混凝土抗震墙或翼墙加固房屋时，应符合下列要求：

(1) 混凝土强度等级不应低于 C20，且不应低于原框架柱的实际混凝土强度等级。

(2) 墙厚不应小于 140mm，竖向和横向分布钢筋的最小配筋率，均不应小于 0.20%。对于 B、C 类钢筋混凝土房屋，其墙厚和配筋应符合其抗震等级的相应要求。

(3) 增设抗震墙后应按框架-抗震墙结构进行抗震分析，增设的混凝土和钢筋的强度均应乘以规定的折减系数。加固后抗震墙之间楼、屋盖长宽比的局部影响系数应作相应改变。

2）增设钢筋混凝土抗震墙或翼墙的砌体构造应符合下列要求：

(1) 墙体的竖向和横向分布钢筋应双排布置，且两排钢筋之间的拉结筋间不应大于600mm；墙体周边宜设置边缘构件。

(2) 墙与原有框架可采用锚筋或现浇钢筋混凝土套连接（图 8-4）；锚筋可采用 $\phi 10$ 或 $\phi 12$ 的钢筋，与梁柱边的距离不应小于 30mm，与梁柱轴线的间距不应大于 300mm，钢筋的一端应采用胶粘剂锚入梁柱的钻孔内，且埋深不应小于锚筋直径的 10 倍，另一端应与墙体的分布钢筋焊接；现浇钢筋混凝土套与柱的连接应符合《建筑抗震加固技术规程》（JGJ 116—2009）第 6.3.7 条的有关规定，且厚度不应小于 50mm。

3）抗震墙和翼墙的施工应符合下列要求：

(1) 原有的梁柱表面应凿毛，浇筑混凝土前应清洗并保持湿润，浇筑后应加强养护。

(2) 锚筋应除锈，锚孔应采用钻孔成形，不得用手凿，孔内应采用压缩空气吹净并用水冲洗，注胶应饱满并使锚筋固定牢靠。

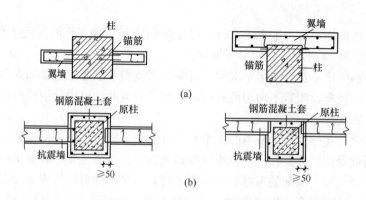

图 8-4 增设墙与原框架柱的连接

(a) 锚筋连接；(b) 钢筋混凝土套连接

2. 钢构套加固

1) 采用钢构套加固框架时，应符合下列要求：

（1）钢构套加固梁时，纵向角钢、扁钢两端应与柱有可靠连接。

（2）钢构套加固柱时，应采取措施使楼板上下的角钢、扁钢可靠连接；顶层的角钢、扁钢应与屋面板可靠连接；底层的角钢、扁钢应与基础锚固。

（3）加固后梁、柱截面抗震验算时，角钢、扁钢应作为纵向钢筋、钢缀板应作为箍筋进行计算，其材料强度应乘以规定的折减系数。

2) 采用钢构套加固框架的构造应符合下列要求：

（1）钢构套加固梁时，应在梁的阳角外贴角钢，如图 8-5（a）所示，角钢应与钢缀板焊接，钢缀板应穿过楼板形成封闭环形。

（2）钢构套加固柱时，应在柱四角外贴角钢，如图 8-5（b）所示，角钢应与外围的钢缀板焊接。

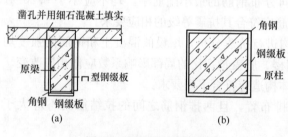

图 8-5 钢构套加固示意图

（a）加固梁；（b）加固柱

（3）角钢不宜小于 L50×6；钢缀板截面不宜小于 40mm×4mm，其间距不应大于单肢角钢的截面最小回转半径的 40 倍，且不应大于 400mm，构件两端应适当加密。

（4）钢构套与梁柱混凝土之间应采用胶粘剂粘结。

3) 钢构套的施工应符合下列要求：

（1）加固前应卸除或大部分卸除作用在梁上的活荷载。

（2）原有的梁柱表面应清洗干净，缺陷应修补，角部应磨出小圆角。

（3）楼板凿洞时，应避免损伤原有钢筋。

（4）构架的角钢应采用夹具在两个方向夹紧，缀板应分段焊接。注胶应在构架焊接完成后进行，胶缝厚度宜控制在 3～5mm。

（5）钢材表面应涂刷防锈漆，或在构架外围抹 25mm 厚的 1：3 水泥砂浆保护层，也可采用其他具有防腐蚀和防火性能的饰面材料加以保护。

3. 钢绞线网-聚合物砂浆面层加固

1）钢绞线网-聚合物砂浆面层加固梁柱的构造，应符合下列要求：

（1）当提高梁的受弯承载力时，钢绞线网应设在梁顶面或底面受拉区（图 8-6）；当提高梁的受剪承载力时，钢绞线网应采用三面围套或四面围套的方式（图 8-7）；当提高柱受剪承载力时，钢绞线网应采用四面围套的方式（图 8-8）。

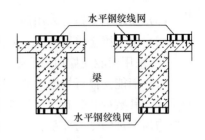

图 8-6　梁受弯加固

（2）面层的厚度应大于 25mm，钢绞线保护层厚度不应小于 15mm。

（3）钢绞线网应设计成仅承受单向拉力作用，其受力钢绞线的间距不应小于 20mm，也不应大于 40mm；分布钢绞线不应考虑其受力作用，间距在 200～500mm。

（4）钢绞线网应采用专用金属胀栓固定在构件上，端部胀栓应错开布置，中部胀栓应交错布置，且间距不宜大于 300mm。

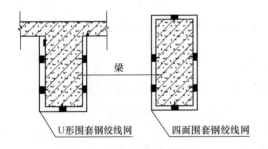

图 8-7　梁受剪加固

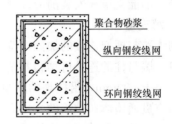

图 8-8　柱受剪加固

2）钢绞线网-聚合物砂浆面层的施工应符合下列要求：

（1）加固前应卸除或大部分卸除作用在梁上的活荷载。

（2）加固的施工顺序和主要注意事项可按《混凝土结构加固设计规范》（GB 50367—2006）第 5.3.6 条的规定执行。

（3）加固时应清除原有抹灰等装修面层，处理至裸露原混凝土结构的坚实面缺陷应涂刷界面剂后用聚合物砂浆修补，基层处理的边缘应比设计抹灰尺寸外扩 50mm。

（4）界面剂喷涂施工应与聚合物砂浆抹面施工段配合进行，界面剂应随时搅拌，分布应均匀，不得遗漏被钢绞线网遮挡的基层。

4. 增设钢支撑加固

1）采用钢支撑加固框架结构时，应符合下列要求：

（1）支撑的布置应有利于减少结构沿平面或竖向的不规则性；支撑的间距不应超过框架-抗震墙结构中墙体最大间距的规定。

（2）支撑的形式可选择交叉形或人字形，支撑的水平夹角不宜大于 55°。

（3）支撑杆件的长细比和板件的宽厚比，应依据设防烈度的不同，按现行国家标准《建筑抗震设计规范》（GB 50011—2010）对钢结构设计的有关规定采用。

（4）支撑可采用钢箍套与原有钢筋混凝土构件可靠连接，并应采取措施将支撑的地震内力可靠地传递到基础。

（5）新增钢支撑可采用两端铰接的计算简图，且只承担地震作用。

（6）钢支撑应采取防腐、防火措施。

2）采用消能支撑加固框架结构时，应符合下列要求：

（1）消能支撑可根据需要沿结构的两个主轴方向分别设置。消能支撑宜设置在变形较大的位置，其数量和分布应通过综合分析合理确定，并有利于提高整个结构的消能减震能力，形成均匀合理的受力体系。

（2）采用消能支撑加固框架结构时，结构抗震验算应符合现行国家标准《建筑抗震设计规范》(GB 50011—2010) 的相关要求；其中，对 A、B 类钢筋混凝土结构，原构件的材料强度设计值和抗震承载力，应按现行国家标准《建筑抗震鉴定标准》(GB 50023—2009) 的有关规定采用。

（3）消能支撑与主体结构之间的连接部件，在消能支撑最大出力作用下，应在弹性范围内工作，避免整体或局部失稳。

（4）消能支撑与主体结构的连接，应符合普通支撑构件与主体结构的连接构造和锚固要求。

（5）消能支撑在安装前应按规定进行性能检测，检测的数量应符合相关标准的要求。

5. 填充墙加固

砌体墙与框架连接的加固应符合下列要求：

（1）墙与柱的连接可增设拉筋加强，如图 8-9（a）所示。拉筋直径可采用 6mm，其长度不应小于 600mm，沿柱高的间距不宜大于 600mm，8、9 度时或墙高大于 4m 时，墙半高的拉筋应贯通墙体；拉筋的一端应采用胶粘剂锚入柱的斜孔内，或与锚入柱内的锚栓焊接；拉筋的另一端弯折后锚入墙体的灰缝内，并用 1:3 水泥砂浆将墙面抹平。

（2）墙与梁的连接，可按上述（1）的方法增设拉筋加强墙与梁的连接；亦可采用墙顶增设钢夹套加强墙与梁的连接，如图 8-9（b）所示；墙长超过层高 2 倍时，在中部宜增设上下拉接的措施。钢夹套的角钢不应小于 L63×6，螺栓不宜少于 2 根，其直径不应小于 12mm，沿梁轴线方向的间距不宜大于 1.0m。

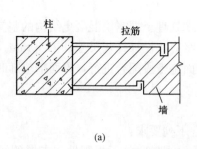
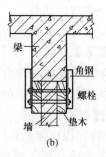

图 8-9 砌体墙与框架的连接
(a) 拉筋连接；(b) 钢夹套连接

（3）加固后按楼层综合抗震能力指数验算时，墙体连接的局部影响系数可取 1.0。

（4）拉筋的锚孔和螺栓孔应采用钻孔成形，不得用手凿；钢夹套的钢材表面应涂刷防锈漆。

第二节　多层砌体结构建筑物抗震加固

一、多层砌体结构建筑物抗震加固基本方法

针对房屋抗震承载力不足、整体性不良、易倒塌部位和明显扭转效应等不同情况，提出了不同的加固方法。

1) 提高抗震承载能力

（1）外加柱加固。在墙体交接处外加现浇钢筋混凝土构造柱加固。柱应与圈梁、拉杆连成整体，或现浇钢筋混凝土楼盖连接，外加柱必须有相应的基础。

（2）面层或夹板墙加固。在墙体一侧或两侧采用水泥砂浆面层、钢丝网砂浆面层或现浇钢筋混凝土板墙加固。

（3）拆砌式增设。对强度过低的原墙体可拆除重砌，或增设抗震墙，这种加固需先与拆后重建的方案做一经济比较。

（4）修补和灌浆。对已开裂墙体可采用压力灌浆修补，对砂浆饱满度差或强度等级过低的墙体可用满墙灌浆加固。

此外，还有包角钢镶边加固和增设支撑等加固方法。

2) 加强房屋整体性

（1）当圈梁不符合要求时应再增设圈梁。外墙圈梁一般用现钢筋浇混凝土，内墙圈梁可用钢拉杆或在进深梁端加锚杆。

（2）当纵、横墙连接茬时，可用钢拉杆、锚杆或外加壁柱和外加圈梁的方法。

（3）楼面、屋盖梁支承长度不足时，可增设托梁或采用其他有效措施。

3) 加固易倒塌部位及防扭转效应

为防止扭转，应优先在薄弱部位增砌砖墙或现浇混凝土墙。对易倒塌部位应针对具体情况采用加固措施，如承重窗间墙太窄可增设钢筋混凝土窗框或采用面层、夹板墙加固。当隔墙无拉结或拉结不牢时，需采取锚固措施。

二、砖砌体结构建筑物抗震加固方法

1. 砖房水泥砂浆或钢筋网水泥砂浆面层抗震加固

当砖房的抗震墙承载力不足时，可采用水泥砂浆抹面或配有钢筋网片的水泥砂浆抹面层进行加固（这一方法通常称为夹板墙加固法）。这一方法目前被广泛应用于砖墙的加固，同时在砖烟囱和水塔的筒壁加固中亦得到应用。对一些低烈度区的空旷房屋、砖柱厂房以及内框架房屋中的砖壁柱亦可采用这种方法加固。砂浆抹面或钢筋网砂浆抹面加固墙体时，采用的砂浆强度等级一般以 M7.5～M15 为宜，砂浆厚度不宜小于 20mm，钢筋网间距根据计算要求可采用 150～400mm，钢筋直径可采用 $\phi4$～$\phi6$mm（图 8-10～图 8-13）。

2. 砖房混凝土板墙抗震加固

砖房的混凝土板墙加固类似于钢筋网水泥面层加固方法，具有较大的灵活性。首先，可根据结构综合抗震能力指数提高程度的不同增设不同数量的混凝土板墙。板墙可设置为单面或双面，甚至可在楼梯间部位设置封闭的板墙，形成混凝土筒。其次，采用混凝土板墙加固时，可

根据业主的意图采用"内加固"或"外加固"方案。当希望保持原有建筑风貌时。可采用"内加固"方案；当需结合抗震加固进行外立面装修时，则可采用以"外加固"为主的方案。

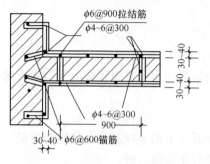

图 8-10　横墙双面加面层

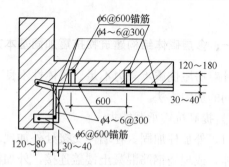

图 8-11　横墙单面加面层

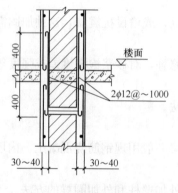

图 8-12　楼板处做法

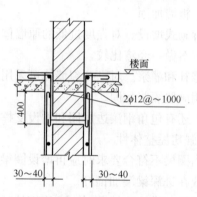

图 8-13　上层墙不加固时楼板处做法

采用混凝土板墙加固可更好地提高砖墙的承载能力，控制墙体裂缝的开展。此外，在板墙四周采用集中配筋形式取代外加柱，圈梁和钢拉杆，以提高墙体的延性和变形能力。这种处理方法对建筑外观和内部使用的影响很小。

3. 多层砖房外加钢筋混凝土柱抗震加固

采用钢筋混凝土柱连同圈梁和钢拉杆一起加固砖房。试验研究表明：外加柱加固墙体后对墙体的抗剪承载力有一定提高，尤其推迟了墙体裂缝的出现；能提高墙体的延性和变形能力，对防止结构发生突然倒塌有良好效果。因此，采用钢筋混凝土外加构造柱这一加固系统加固砖房是一种比较简单易行而有效的方法，这种方法至今仍被普遍采用，它适合于房屋抗震承载力与抗震要求相差在 20％ 以内以及整体连接较差房屋的加固。

1）外加构造柱设置要求

（1）外加构造柱应在房屋四角、楼梯间和不规则平面转角处设置，并可根据房屋状况在内墙交接处每开间或隔开间布置。

（2）外加构造柱在平面内宜对称，沿高度不得错位，由底层起全部贯通。

（3）外加构造柱应与圈梁、钢拉杆连成封闭系统。

（4）采用外加构造柱增强墙体的抗震能力时，钢拉杆不宜小于 $2\phi16$。在圈梁内的锚固长度应满足受拉钢筋的要求。

（5）内廊房屋的内廊在外加构造柱轴线处无连系梁时，应在内廊两侧的内纵墙增设柱或增设连系梁。

2）材料与构造

（1）柱的混凝土强度不应低于C20。

（2）柱截面如图8-14所示，一般为300mm×150mm或240mm×180mm［图8-14（a）］，扁柱及L形柱如图8-14（b）和图8-14（c）所示。

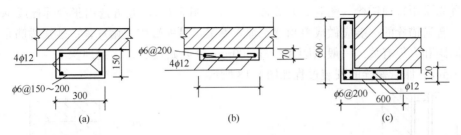

图8-14 外加柱截面

（3）柱纵向筋不宜小于4φ12"L"形柱纵向筋宜为12φ12，在楼、屋盖上下各500mm高度内箍筋应加密，间距不应大于100mm。

（4）外加柱与墙体连接，可在楼层1/3和2/3处同时设置拉结钢筋和销键，也可沿墙高每500mm设置胀管螺栓、压浆锚杆或锚筋。

（5）外加柱应做基础，一般埋深宜与外墙基础埋深相同。当埋深超过1.5m时可采用1.5m的埋深（图8-15），但不得浅于冻结深度。

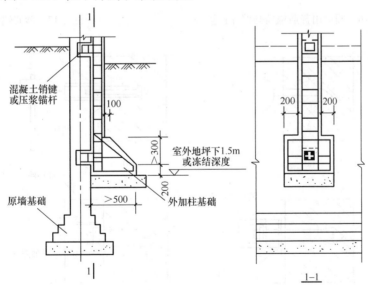

图8-15 外加柱基础示意（原墙基埋深大于1.5m时）

4. 多层砖房外加圈梁及钢拉杆抗震加固

圈梁是保证多层砖房整体性的重要措施。当同时采用外包柱时，亦可保证提高房屋的抗震承载力。抗震加固时对外加圈梁及拉杆的要求如下。

1）圈梁的布置、材料和构造

（1）圈梁布置与抗震设计要求相同，如增设的圈梁宜在楼、屋盖标高的同一平面内闭合，对于圈梁标高变化处应采取局部加强措施。

（2）圈梁混凝土强度等级不应小于 C20，其截面不应小于 180mm×120mm。

（3）圈梁配筋要求当 7 度区可用 4ϕ8，8 度区用 4ϕ10，箍筋间距不应大于 200mm。

2）圈梁与墙体连接

圈梁与墙体连接的好坏是影响圈梁能否发挥作用的关键。外加钢筋混凝土圈梁与砖墙的连接应优先采用普通锚栓（图 8-16）或砂浆锚栓（图 8-17），亦可选用胀管螺栓或钢筋混凝土销键。普通锚栓的一端应做成直角弯钩埋入圈梁，另一端用螺帽拧紧；砂浆锚筋布置与钢拉杆的间距和直径有关。一般从距离拉杆 500mm 处开始设置，锚筋埋深 $l_m = 10d$，孔深 $l_k = l_m + 10mm$；胀管螺栓的安装过程如图 8-18 所示。

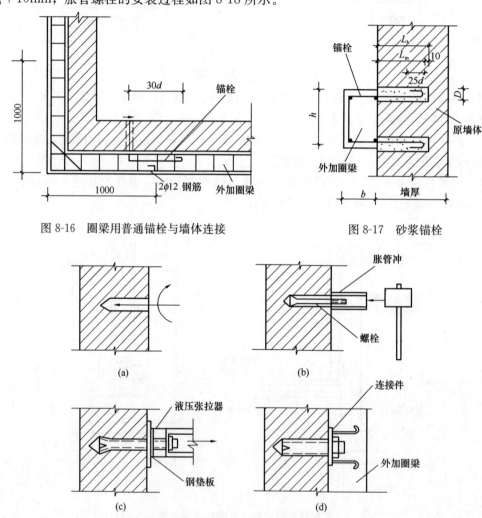

图 8-16　圈梁用普通锚栓与墙体连接　　　　图 8-17　砂浆锚栓

图 8-18　胀管螺栓的安装过程

（a）钻孔；（b）安装螺栓；（c）张拉螺栓；（d）安装连接件

3）钢拉杆

（1）布置。代替内墙圈梁的钢拉杆，当每开间有横墙时至少每隔一开间设 2ϕ12；当多开间有横墙时在横墙处至少设 2ϕ14。沿内纵墙端部布置的纵向拉杆，其长度不得少于两个开间。

（2）锚固。沿横墙布置的钢拉杆，两端应锚入外加柱、圈梁内或与原墙体锚固，对于有外廊房屋，应锚固在外廊内纵墙上。若钢拉杆在增设的圈梁内锚固，则采用长度不小于 $35d$ 的弯钩（d 为钢拉杆直径）；亦可加设 80mm×80mm×8mm 的垫板，垫板与墙面的间隙不应小于 50mm。

3）钢拉杆与原墙体锚固的钢垫板尺寸、钢拉杆的直径应按《建筑抗震加固技术规程》（JGJ 116）中的有关要求设置。

主要参考文献

[1] 吕克顺，付文英. 建筑结构加固工程施工质量验收规范[M]. 北京：中国建筑工业出版社，2011.

[2] 程选生，刘彦辉，宋术双. 建筑工程加固技术实用教程[M]. 北京：机械工业出版社，2012.

[3] 陈风山. 实用混凝土结构加固技术[M]. 北京：化学工业出版社，2013.

[4] 国家工业建筑诊断与改造工程技术研究中心. 碳纤维层材加固混凝土结构技术规程 CECS 146：2003[M]. 北京：中国计划出版社，2007.